数学建模入门教程

主　编　陈龙伟　熊　梅

副主编　王　林　高　文

科学出版社

北　京

内 容 简 介

本书主要包括数学建模与数学建模竞赛、MATLAB 软件简介、微分方程数值解、线性规划与非线性规划、LINGO 软件及离散问题求解、多元统计方法、图像处理与模式识别、案例分析等内容. 全书集数学建模入门基础知识、数学实验及程序编写为一体,注重入门基础知识介绍、数学软件及程序编写,由浅入深、循序渐进. 书中许多案例来自数学建模竞赛试题.

本书可作为普通本科院校和高职高专学校数学建模课程或竞赛培训的教材.

图书在版编目(CIP)数据

数学建模入门教程/陈龙伟, 熊梅主编. —北京: 科学出版社, 2020.7

ISBN 978-7-03-065624-7

Ⅰ.①数⋯ Ⅱ.①陈⋯ ②熊⋯ Ⅲ.①数学模型–教材 Ⅳ.①O141.4

中国版本图书馆 CIP 数据核字(2020) 第 117003 号

责任编辑:王 静 范培培/责任校对:杨聪敏
责任印制:张 伟/封面设计:陈 敬

科学出版社 出版
北京东黄城根北街 16 号
邮政编码: 100717
http://www.sciencep.com

北京盛通商印快线网络科技有限公司 印刷
科学出版社发行 各地新华书店经销
*
2020 年 7 月第 一 版 开本: 720×1000 B5
2022 年 1 月第四次印刷 印张: 13 1/4
字数: 267 000
定价: 49.00 元
(如有印装质量问题, 我社负责调换)

前　言

自 2000 年以来, 本书以讲义的形式在云南财经大学经济学创新人才培养基地班、金融数学、统计学、数学与应用数学、信息与计算科学等专业中讲授过多次, 均受到学生好评, 特别是 MATLAB 程序和新颖算例的引入, 为学生参加数学竞赛打下基础, 并能有效地提高学生的编程水平.

国内已经有许多数学建模教程, 各有特点, 各有侧重, 但也存在一些问题, 比如学生学习时入门较难, 程序、算例多以经典为主; 编排内容系统性较强, 缺乏相应的程序, 适用于起点高的学生; 教材内容较多, 一般普通本科院校学生难以在规定的教学课时内完成学习, 综合效果不是很理想.

本书特点如下.

知识起点低, 易于入门. 鉴于有相当一部分学生欲学习数学建模方法, 但数学基础较弱, 又希望通过一门课程的学习, 能够快速入门并能参加数学建模比赛, 或者应用数学知识解决一些实际问题, 因此书中所给出的算例尽量由浅入深, 循序渐进.

简单实用. 本书针对课时较少或学习时间相对较短的学生学习. 数学建模课程学习时间紧张是几乎所有师生面临的问题, 因此学生不可能有充足的时间去系统而深入地学习, 无论模型还是程序, 都要求简单实用.

编程入门快. 学习数学建模的学生一般对编程几乎是零起点的, 本书的程序学习充分考虑这一因素, 由浅入深、循序渐进的编排, 可以帮助学生在短时间内快速入门, 假以时日, 多加练习即可达到灵活应用、编程求解、参加各种竞赛的目的.

注重算法与计算求解. 根据编者多年的教学经验和教学反馈, 对学生而言, 实际中遇到的数学建模的问题更多的是模型求解, 如算法设计和程序编写、程序调试、试算及修改模型等.

算例较为新颖. 本书收录简单实用、题材新颖且多选自竞赛题目的算例.

实验特色. 每一例题都附有程序, 可在实验室进行重复性实验, 确保一定教学课时的编程临摹与实践. 每一章后都附有习题, 学生可以尝试自己独立建模、编程、撰写论文, 以此作为学生的综合实验.

本书编写具体分工如下: 陈龙伟编写第 1 章、第 8 章的 8.1. 8.3 节及负责全书的统稿和程序验证工作, 成蓉华编写第 2 章, 高文编写第 3 章及第 7 章的 7.1 节, 杨莉编写第 4 章及第 6 章, 熊梅编写第 5 章、第 7 章的 7.2 节及第 8 章的 8.4 节、8.5

节, 硕士研究生熊慧、李超超负责排版、校对及程序验证工作, 王林负责审阅全书.

　　鉴于编者水平有限, 书中不足之处在所难免, 希望读者批评指正.

编　者

2019 年 10 月

目　录

第1章 数学建模与数学建模竞赛

1.1 什么是数学建模

什么是数学建模?对于初学者这是一个陌生而神秘的概念,不妨先看一个实例.设大、白、胖是三个个位数 (0 ~ 9 中的数字),并且有下列关系成立

$$大白 + 大白 = 白胖胖$$

问大、白、胖分别为几何?

[不看解答, 思考与分析, 养成独立思考的学习习惯]

方法一 观察所给等式,相加得到三位数的最小的两位数是 50, 最大的两位数是 99, 即 $50 + 50 = 100$, $99 + 99 = 198$, 因此白 $= 1$, 白 $+$ 白 $=$ 胖, 得出胖 $= 2$, 右端数字为 122, 左端两数应相等, 大 $= 6$. 答案: 大、白、胖分别为 6, 1, 2.

方法二 设大 $= x$, 白 $= y$, 胖 $= z$, 根据所给等式得到

$$(10x + y) + (10x + y) = 100y + 10z + z \tag{1.1}$$

化简

$$20x = 98y + 11z$$

因为大、白、胖的取值范围都是 0 ~ 9, 因此用计算机进行三重循环, 判断上式相等的数字, 得出答案 (程序 C2_1_1.m) 为 0, 0, 0 或者 6, 1, 2. 与方法一相比多了一组零解.

C2_1_1.m(程序使用说明见第 2 章):

```
for x=0:9
    for y=0:9
        for z=0:9
            A=20*x-98*y-11*z
            if A==0
                [x y z]
            end
        end
    end
```

```
            end
        end
```

方程 (1.1) 即该问题的数学模型, 根据模型和自变量的取值范围, 利用计算机进行循环遍历求解, 就是算法. 虽然遍历求解的思想简单, 但许多复杂问题, 只要计算时间允许, 都是借助这一思想方法.

评注　这是一个小学一年级的智力游戏题, 不是开玩笑, 这就是数学建模, 包含了朴素的建模思想, 从小问题入手, 培养思考问题的方式; 从不同角度思考问题, 想尽所有可能, 逐步成为数学建模高手.

A, B 两地相距 100km, 轮船顺水航行需要 2.5h, 逆水航行需要 5h, 则船速和水流速度如何?

[分析: 因为题目没有告诉船和水流是匀速运动还是变速运动, 因此需要作不同的假设]

如果假设船和水流都是匀速运动的, 分别为 $x$km/h, $y$km/h, 则

$$\begin{cases} (x+y) \times 2.5 = 100, \\ (x-y) \times 5 = 100 \end{cases}$$

求解二元一次方程组, 得到 $x = 30$km/h, $y = 10$km/h.

如果船和水流是变速运动的, 设它们的加速度分别为 $a_1(t)$, $a_2(t)$, 并假设船和水的相对运动方向总保持同向或反向, 则在 t 时刻顺水和逆水的运动速度分别为 $v_1(t) = [a_1(t) + a_2(t)]t$, $v_1(t) = [a_1(t) - a_2(t)]t$, 根据题意建立模型

$$\begin{cases} \int_0^{T_0} v_1(t)\mathrm{d}t = S, \\ \int_0^{T_1} v_2(t)\mathrm{d}t = S \end{cases}$$

其中, $T_0 = 2.5$h, $T_1 = 5$h, $S = 100$km. 欲知船速和水速, 需要求解以上积分方程. 一般情况下需把时间 t 离散化, 计算数值解, 特别是加速度 $a_1(t)$, $a_2(t)$ 较复杂时.

1. 数学建模的步骤

数学建模就是根据特定的问题, 作出简化假设, 进行量化, 把所涉及的量用字母 (变量) 表示, 根据问题所给条件找出这些量的关系 (数学模型), 分析找出问题解答的方法. 一般需要利用计算机编程计算, 得到解答, 并对题目中的可变条件或参数的变化进行讨论, 讨论参数对模型或计算结果的影响, 即灵敏度分析或模型分析与评价.

2. 数学建模常见的问题及其类型

数学建模问题一般分为两种: 一种有 "标准" 答案, 但任何算法都不可能直接计算出标准答案, 只能通过人工方式处理或简化模型做近似计算; 另一种没有 "标准" 答案, 存在许多种求解方法, 不同的解法可以有不同的答案, 即答案不唯一, 一般是非标准的. 这种问题一般是评价与分析问题, 需要有理论根据、算法正确、能自圆其说.

第一种问题的典型例子: 碎纸片的拼接与复原问题、变形油罐的体积计算问题、系泊系统的优化设计问题等.

第二种问题的典型例子: 某国 (地区) 人口预测问题、公路运输的运量预测问题、葡萄酒的评价问题等.

1.2 数学建模竞赛

1.2.1 MathorCup 高校数学建模挑战赛①

MathorCup 高校数学建模挑战赛 (以下简称竞赛) 是由中国优选法统筹法与经济数学研究会主办的学科竞赛活动. 竞赛坚持数学与行业应用实际相结合的宗旨, 拓宽培养人才的渠道, 为大学生提供基础学术训练平台, 鼓励大学生积极踊跃参加课外科技活动, 提高利用理论知识解决实际问题的能力, 拓宽视野、培养学生的创新精神及合作意识.

竞赛一般在每年的 5 月份举行, 一共 4 天时间, 不超过三人一队, 可以跨专业组队, 不允许跨校组队. 参赛者无须特别的参赛知识, 采用开放式比赛, 一队最多可以设一名指导教师, 竞赛期间不得与指导教师和对外人员讨论, 但可以查阅任何资料. 完成一篇论文包括模型假设、模型建立与求解、算法设计、程序实现、结果分析与检验、模型的改进. 以建模的假设合理性、创造性、结果的正确性和文字表述的清晰程度为主要评判标准. 按照一、二、三等奖约为 5%, 15%, 30% 的比例授奖.

1.2.2 全国大学生数学建模竞赛②

全国大学生数学建模竞赛 (以下简称竞赛) 是中国工业与应用数学学会主办的面向全国大学生的群众性科技活动, 目的在于激励学生学习数学的积极性, 提高学生建立数学模型和运用计算机技术解决实际问题的综合能力, 鼓励广大学生踊跃参加课外科技活动, 开拓知识面, 培养创新精神及合作意识, 推动大学数学教学体系、教学内容和方法的改革.

---

① http: // www.mathorcup.org.
② http: // www.mcm.edu.cn.

竞赛宗旨是培养创新意识和团队协作精神, 公平竞争, 重在参与. 原则是扩大受益面, 保证公平性, 提高竞赛质量, 扩大国际交流, 推动教学改革, 促进科学研究. 竞赛一般在每年 9 月份第二个周末举行, 2017 年改为周四晚上 8 点开始至周日晚上 8 点前交卷, 连续 72 小时. 竞赛不分专业, 分为本科组、专科组 (高职、高专). 本、专科组均文理同题, 选一作答.

从 2019 年开始, 竞赛分为 A, B, C, D, E 五道题, 其中 A、B、C 题为本科组竞赛题目, 供本科参赛者选择, D、E 题为专科组竞赛题目, 但专科组参赛者也可以选择本科组题目完成. 竞赛题目从网络上发布, 主要发布网站及网址如下:

竞赛报名官网: http://cumcm.cnki.net

全国数模竞赛官网: http://www.mcm.edu

数学建模网: http://www.shumo.com

交卷分为 3 个步骤: 第一步在提交前绑定论文和支撑材料的 MD5 码; 第二步提交竞赛作品 (论文 + 支撑材料) 的 MD5 码, 在截止日的 20:00 之前可以重复提交, 以最后一次提交为准, 在 20:00-22:00 期间有一次提交机会; 第三步提交竞赛作品 (论文 + 支撑材料), 截止时间提交 MD5 码后的第二天 20:00 之前.

各参赛队在规定的时间内提交了论文及支撑材料之后, 各赛区组委会聘请专家组成赛区评阅专家组, 评选本赛区的一等奖、二等奖 (也可增设三等奖). 各赛区组委会按全国组委会规定的数额将本赛区的优秀答卷送全国组委会, 每个学校报奖队数限额为一等奖 2+2+2, 二等奖限额为 2+2+2, 共 12 个队为上限. 全国组委会聘请专家组成全国评阅专家组, 按统一标准从各赛区送交的优秀答卷中评选出全国一等奖、二等奖.

1.2.3 美国大学生数学建模竞赛

美国大学生数学建模竞赛 (Mathematical Contest in Modeling (MCM) 和 Interdisciplinary Contest in Modeling (ICM)) 每年的比赛时间一般定在 2 月初, 需要通过官方网站报名, 而且需要有固定的指导教师. 一般各学校均会组织欲参赛学生进行赛前培训确定指导教师, 给学生介绍有关比赛的相关事宜. 指导教师可以在竞赛开始前对队员进行指导和赛前训练. 竞赛期间, 学生必须独立完成论文, 不能和本队以外的人进行探讨. 队伍注册: 各队必须在规定的时间 (美国东部时间) 之前在网上登记注册. 注册时, 每个参赛队伍必须支付 100 美元参赛费. MCM 和 ICM 对每个学校的参赛队伍数不做限制. 每个队最多由 3 名在校高中生或在校大学生构成. 登记时不需要提交组员名字, 但是提交竞赛论文的时候需要写名字.

竞赛的日期时间发布于官方网站, 比赛的地点为当地的院校. 特别注意比赛以美国东部时间为准, 其比北京时间晚了大约 13 个小时. 在截止日期后, 一直到提交电子附件前, 学校负责老师必须确保电子论文提交后不会再变更、添加或进行其他修改. 每个队都必须通过电子邮件将论文电子副本提交到 solutions@comap.com, 此任务可由负责老师或组员完成. 论文邮件必须在截止日期前提交至官方指定邮箱. 论文提交后, 需要下载纸质承诺书签字, 完毕后拍照或扫描至网站上提交. 竞赛材料: 竞赛网站包含各类指南、要求、评判标准及提交论文的方法步骤, 以及详细的步骤说明.

1.3 数学建模论文写作

无论参加何种级别的数学建模比赛或发表数学建模的研究成果, 都不可回避数学建模论文的写作. 数学建模比赛一般都限定比赛时间, 在有限的时间之内既要完成题目的解答, 又要把自己的解题思路及结果以图文方式完整地表现出来, 需要一定的论文写作技巧、表达水平和论文排版水平. 本节为数学建模论文写作包含的几个方面给出详细论述.

1. 题目

论文题目要能准确表达论文主题和论文内容, 言简意赅、高度概括, 一般不宜太长.

2. 摘要

摘要中常出现的问题是用问题背景或引言代替摘要; 用问题的结论代替摘要; 用笼统而模糊的语言介绍论文所完成的工作; 摘要中出现数学模型 (公式) 或者出现参考文献引文等.

摘要就是论文全文的简述, 读者阅读摘要就可以知道整篇论文阐述的内容. 一般情况摘要包括问题的简要背景、什么问题、用什么方法解决、结果如何, 特别是重要的计算结果, 最后可以强调或突出论文的特点, 如模型特点、算法简单、合理的推广等. 如果所研究的问题较多, 可以对几个问题分别阐述. 摘要不列举例证, 不出现数学公式、图表, 用纯文字叙述, 不自我评价, 更不要出现参考文献 (因为摘要写的是自己的工作). 全国大学生数学建模竞赛要求摘要与关键词不超过一张 A4 纸页面.

3. 问题重述

问题重述不能简单拷贝原题, 需要对原问题更加具体化, 如 2010 年高教社杯全国大学生数学建模竞赛的 B 题: "2010 年上海世博会影响力的定量评估", 要求如下:

2010 年上海世博会是首次在中国举办的世界博览会. 从 1851 年伦敦的 "万国工业博览会" 开始, 世博会正日益成为各国人民交流历史文化、展示科技成果、

体现合作精神、展望未来发展等的重要舞台. 请你们选择感兴趣的某个侧面, 建立数学模型, 利用互联网数据, 定量评估 2010 年上海世博会的影响力.

可以把问题具体化为四个问题. 第一, 考虑上海世博会与最近四届世博会在几个关键指标上的比较, 包括参观国家 (地区) 数、参观总人数、场馆数目、持续时间、活动常数等指标, 分析上海世博会的影响力. 第二, 考虑上海世博会对上海旅游业的短期影响, 选取相关指标分析其贡献率和影响率. 第三, 与其他相同类型的大型国际博览会对本地旅游业贡献率相比, 分析其对旅游业的影响. 第四, 影响力的时效性分析, 主要考虑举办会议后, 一段时间内的综合影响力.

如果题目本身已经给出具体的问题, 则把握住问题的实质, 对问题进行进一步的解读, 把问题变得更加明确.

4. 模型假设

针对所考虑的问题, 一般需要模型假设. 因为问题较为复杂, 需要抓住问题的本质, 忽略次要因素, 对问题进行近似处理或建立近似模型, 因此需要假设, 这种假设称为 "近似假设". 另一种假设是因为问题本身有多种方法, 不同的假设可能得到不同的结果, 而且都是合理的, 因此需要假设, 这种假设称为 "选择假设". 还有一种假设, 如果没有这些假设条件, 模型无法建立, 这样的假设称为 "必须假设". 在数学建模中需要把握好假设的 "度", 需要则假设, 不需要则不做无谓的假设, 有一些自然规律或者人们公认成立的结论不用假设. 例如, 在建立太阳能小屋的模型时, 不需要假设 "地球自西向东旋转, 太阳总是从东边升起, 西边落下" 这种自然规律. 如果是某地年平均日照时间, 则需要根据历史数据进行计算, 并假设在未来的时间内不变化.

5. 问题分析

问题分析介绍解决问题的主思路 (主线), 主要是针对问题重述中的问题, 分析其条件是哪一些, 指标 (相关因素) 是哪一些, 哪一些是自变量, 哪一些是因变量; 如何找出它们的关系 (数学模型), 如何求解, 如何验证解的正确性、可靠性, 如何给出问题的解答. 如果有多个问题, 则每一个问题分开叙述.

6. 模型建立与求解

模型建立与求解是建模的核心部分, 对问题所涉及的指标 (因素) 进行量化, 确定自变量与因变量, 找出它们之间的内在联系及变量之间的相互关系, 即数学模型. 根据数据或已知条件, 计算出未知的量, 一般需要设计算法、计算流程、编写计算机程序和求解结果.

7. 模型检验、分析与评价

初步计算结果需要与实际数据对比, 检验模型方法的正确性、可靠性. 如果与实际相差太大, 需要修改、补充假设, 大多数情况下需要反复试算、修改与调整, 最终计算出符合实际的解. 如果某些计算参数或者假设条件发生变化, 需要讨论模型是否仍然适用? 即普适性, 模型的可推广性; 对计算结果又会产生什么影响? 即模型的稳定性; 对计算程序的可靠性等进行详细讨论, 给出进一步研究的建议.

8. 参考文献与附录

写论文时, 既不能 "闭门造车", 所有东西都自己去推导和论证, 需要参考他人的成果, 又要避免抄袭他人成果, 参考的 "度" 如何把握, 是写作数学建模论文的一个关键因素. 引用他人的成果, 其形式有三种[1].

引用他人成果一种是 "直引", 直接引用原作者的话, 因为直接引用受字数的限制, 一般是字数较少 (总字数重复率一般不得大于 15%, 全国大学生数学建模竞赛组委会规定大于 25% 的会被取消资格, 通报批评). 另一种是 "间引" 或称为 "意引", 即间接引用, 引用的非原文, 是对原文的概括. 还有一种引用是 "脚注", 这与参考文献的引用有何不同? 当引用与评论交织在一起时, 或者他人未正式发表的数据、成果可以采用脚注方式. 引用的基本原则是 "实事求是", 这也是检验学术规范和学术道德的标准. 参考文献的格式规范是引用的关键因素, 不仅可以反映作者、刊物对待学术研究的态度, 也是学术规范不可缺少的组成部分.

参考文献的类型标识: M 为专著、J 为期刊论文、D 为学位论文、C 为论文集、N 为报纸文章、R 为报告、S 为行业标准 (国家标准、国际标准等)、P 为专利、A 为档案、Z 为其他公开出版物. 格式如下.

期刊: [序号] 作者 1, 作者 2, 作者 3 等. 篇名 [J]. 刊名, 出版年, 卷号 (期号): 起止页码.

专著: [序号] 作者. 书名 [M]. 出版地: 出版者, 出版年, 版次: 起止页码.

学位论文: [序号] 作者. 篇名 [D]. 出版地: 保存者, 出版年: 起止页码.

网页资源: [序号] 作者 (主要责任者). 题名. 网址 (出处或可获得地址)[电子文献及载体类型标识], 发布或更新日期, 引用日期.

报纸: [序号] 作者. 篇名 [N]. 报纸名, 出版日期 (版次).

论文集: [序号] 作者. 篇名 [C]. 出版地: 出版者, 出版年: 起止页码.

研究报告: [序号] 作者. 篇名 [R]. 出版地: 出版者, 出版年: 起止页码.

专利: [序号] 专利所有者. 题名 [P]. 国别: 专利号, 发布日期.

行业标准: [序号] 标准编号 (如: GB/T 1618-2003), 标准名称 [S].

条例: [序号] 颁布单位. 条例名称. 发布日期.

数学建模论文附录可附已经处理过数据 (题目提供的原始数据一般不附), 计算程序、计算过程中产生的重要数据等. 全国大学生数学建模竞赛要求正文不超过 20 页, 但不包括附录, 正文叙述主要的、关键的内容, 因此可以把重要的内容放在正文里写作, 突出重点, 紧凑正文内容的文章结构. 次要的、篇幅较长的内容放在附录里展现, 一般是较多的图片、加大的表格、较长的程序等.

1.4　数学建模竞赛中的一些注意事项

无论是全国大学生数学建模竞赛, 还是美国大学生数学建模竞赛 (MCM/ICM), 或者是 MathorCup 大学生数学建模挑战赛, 参赛者都希望给出竞赛问题的完整解答, 写出优秀的论文, 提高解决问题的能力, 获得较好的成绩, 因此学习者需要关注以下一些注意事项.

1.4.1　不同阶段的学习内容

数学建模初学者, 需要选一本入门级的数学建模教材和一本入门级的 MAT-LAB 程序编写教程. 第一步, 在计算机文化基础的通识课学习中, 熟练掌握 Excel, Word, SPSS 的使用方法. 第二步, 学习一些提高课程, 如运筹学、计算方法 (数值分析)、多元统计分析等. 第三步, 学习一些典型案例和相应的一些算法, 包括一些智能算法.

充分的准备和训练是参加数学建模比赛的前提, 自己最好能提前选好队友, 选择一个往届的题目, 按照要求, 在规定的时间内完成一篇完整的论文, 作为模拟训练. 常加练习, 不断改进, 日积月累, 只有依靠积累才能提高建模水平. 曾经的参赛队员颇有感慨, 叹曰: "接触了一年的数学建模后, 思路特别开阔."

1.4.2　竞赛中应注意的问题

一是要有好的数学模型. 模型的优劣, 不在于用什么深奥的方法, 而在于要有效、简洁、恰当地解决实际问题. 只要能解决问题, 方法越简单越好. 二是要有好的算法, 算法的好坏主要看是否能快速、准确地给出最优解. 越是复杂的问题, 对算法的要求越高. 对求解方法的评价, 归根结底是对算法和程序实现的评价. 三是要有高质量的论文. 有了好的模型、算法, 表述很重要. 写出的数学建模论文需要明确: 你如何分析问题? 模型是什么? 用什么方法求解? 结论是什么?

数学建模竞赛以三人一组的团队方式参加竞赛, 考查团队的协作能力, 合理的队员组合是取得好成绩的关键因素之一. 任务、分工和协作非常重要, 一般情况下安排一个队员重点负责数学模型, 一个队员重点负责编写程序、计算、调整和完善程序, 一个队员重点负责查找资料、写作、反复修改论文. 在分工明确的同时需要密切协作, 队员之间相互交流, 加深对问题的理解. 数学模型需紧扣题目, 做到 "有的放矢". 程序编写者要理解建模队员的意图, 寻求求解模型的思路、方法, 并编写程序, 计算出问题的解, 大多数情况下需要通过试算不断调整、修改模型, 达到最终解决问题的目的. 写作者需要深刻理解建模者和程序编写队员的意图和目的, 把建模的所有内涵表述清楚, 做到思路清晰、表述准确、重点突出等, 让阅读者容易读懂论文.

合理的时间安排也是在数学建模竞赛中取得好成绩的关键因素之一. 参加比赛的队员如果用一天时间选题、一天时间讨论、一天时间建模编程, 则没有时间修改、调整模型、撰写论文, 甚至没有解答完问题. 这就突显出合理安排时间的重要性, 一般情况下在一个小时内阅读可选择的题目, 选择队员们熟悉领域的选题, 选定题目. 不可摇摆不定, 花去大量时间, 切忌选择一个题目之后, 发现问题较难解决, 又换选其他题目. 事实上, 可选题目的难度差别不大, 命题人自会考虑这一因素, 选择任何一个题目都会遇到困难, 只有想办法解决. 对于自己不熟悉的领域, 选择的时候应尽量回避. 参赛者可以在开赛下载题目之后, 一个小时内选定题目, 第一天查找相关资料, 确定解决问题的思路, 完成第一个问题的解答; 第二天完成第二、三个问题; 第三天完成最后一个问题的解答, 并修改、调整、完善论文, 在比赛结束前 6~8 小时之内, 主要是修改论文或排版, 至少预留 2~3 小时进行排版, 预留 1 小时提交论文.

调整心态迎接比赛, 以饱满的热情和良好的精神状态参加比赛也是取得好成绩的关键因素之一. 比赛是在较短时间内完成对问题的完整解答, 是一种高强度的体力和脑力活动, 需做充分的准备工作, 讲究策略, 增强信心, 拿出勇气和毅力, 用智慧去解决问题, 发扬顽强拼搏的精神去争取好的成绩. 如果不努力会留有遗憾, 尽自己的最大努力做事, 获得好的奖级, 固然是好事. 如果没有获奖, 也不需要灰心丧气, 因为在参加比赛的过程中, 队员们会学习到许多知识, 提高自己的能力. 享受过程尤为重要.

短暂的三天时间的比赛, 考查的是队员们的建模能力、编程求解能力、论文写作能力和团队协作能力.

1.4.3 避免竞赛中的违规现象

各种数学建模竞赛都有其参赛规则, 参赛者必须严格遵守. 从组队、聘请指导教师、报名、参赛、提交参赛论文到评奖等环节, 均有明确的规定. 参赛者须认真阅读规则, 理解哪一些事情是可以做的, 哪一些事情是不可以做的. 例如, 在全国大学生数学建模竞赛中规定, 至多三人一队, 不能跨学校组队, 同一学校可以跨学院、跨年级组队; 参赛过程中可以查阅所有可查阅的文献资料, 包括文档、数据、图表等; 比赛期间不能和队员以外的人员交流, 包括指导教师.

每一种数学建模竞赛的论文均有明确的格式规范要求, 需要严格按照要求撰写. 从以往的全国比赛来看, 常见的违规现象如下.

(1) 论文不标注引用和引用不规范判为违规. 论文撰写过程中, 查阅了许多资料, 引用了他人的成果, 不但需要标注, 而且要按照规范格式标注引用. 在以往的竞赛评阅中发现严重抄袭现象. 抄袭网络资源, 大段复制, 没有引用参考文献或有文献无引用. 应做到一句完整的话都不能抄, 都需要引用. 复制图形不标注也视为抄袭. 竞赛期间, 网络上会有相关软件或论文出售, 有人干脆购买软件, 进行所谓的设计, 提交试卷, 视为违规. 有人在网上冒充重复率检测机构, 有偿或无偿地 "帮助" 检测论文, 从而窃取他人的论文成果, 也属于严重违规.

(2) 引用查重系统会在各种网络数据库和自建数据库 (参赛论文构成的数据库) 中检查论文重复率, 应小于 20%. 重复率大于 25% 的不但会被取消参赛资格, 还要通报批评, 严重者会被追究法律责任. 各赛区还会有更加严格的规定, 如重复率大于 15%, 不会推荐作为国家级奖项候选参赛队. 事实上, 重复率越小越好, 竞赛组委会鼓励创新与突破, 鼓励参赛队拿出自己的作品.

(3) 竞赛组委会明确规定指导教师不得参与比赛, 如发现教师参与的情况, 会严厉处罚, 禁止学校及指导教师参加比赛, 取消指导教师资格.

(4) 论文中出现参赛队信息. 在程序里出现姓名、学校、手机号等信息, 包括调查数据, 尽量用某单位、某学校或者某地区等, 避免实名出现.

(5) 试卷雷同问题. 两份和多份试卷雷同, 包括同一学校和不同学校雷同, 一般要求报全国组委会之前, 在论文答辩过程中判断同一赛区论文是否雷同, 在各赛区杜绝同一赛区的雷同试卷.

(6) 程序的雷同问题. 一定要附有纸质和电子版的完整程序, 而且纸质版和电子版程序要对应一致. 严禁抄袭网络, 要求赛区聘请相关专家验证、查重. 验证程序是否可以运行, 运行结果是否与论文中的结果一致? 运行结果与论文结果不一致, 将被视为一种欺诈行为, 并取消其评奖资格.

1.5   论文写作与排版

无论哪一种类型的竞赛, 竞赛成果最终以论文形式表示, 而且需要在时间极度紧张的条件下完成, 因此论文的写作包括排版方法、方式极为重要. 常见的不足之处是解决问题方法的思路不清晰, 对结果的解释不明确, 重点不突出, 问题表述不完整, 概念及术语不准确, 图表不规范等. 另外, 论文写作要避免夸大其词、夸大模型的作用、故意放大自己的特点、华而不实. 事实上, 科技论文的写作只要用专业的术语和严密的逻辑关系, 实事求是地表述清楚, 按照格式要求排版即可. 然而, 参加比赛的队员多数是大学二、三年级的学生, 基本上没有经过训练或者没有写作过论文, 不可能做到一气呵成, 需要反复修改和完善, 才能在比赛的较短时间内完成.

第一天查找相关资料, 查找方法是输入与题目最密切相关的几个关键词, 在各种可以利用的数据库查找相关资料, 查看相似的问题, 他人是怎么解决的, 用了一些什么方法或模型, 如何求解, 得到什么结论等. 深入分析和讨论参赛题目, 集思广益, 确定解决问题的思路, 负责论文写作的队员要认真记录, 形成文档.

找到相关资料后, 论文写作需要引用别人的成果时, 要注意以下方面在论文写作的初期阶段, 按照参考文献格式写好, 一般不直接写在 "参考文献" 里, 而是放在引用处. 这样做的目的是避免论文排版时引起混乱. 到最终论文定稿时, 再按次序剪切到 "参考文献" 里. 参考他人的成果, 务必注明出处.

参加数学建模竞赛的论文写作新手, 需要重视建模论文的模板和写作技巧. 模板包括参赛组委会直接提出的论文格式规范以及前人的优秀论文, 特别是获奖论文. 从问题重述、假设、模型、求解、结果和评价等论文内容, 到摘要、参考文献和附录, 按照他人的论文作为模板来写作, 可以节省大量时间, 并且可以写出 "像模像样" 的参赛论文.

模型建立之后, 寻求求解方法和算法. 近年来的竞赛题目, 求解难度较大, 依靠计算机处理或编程求解的程度较大. 寻找合适的算法, 确定计算步骤, 编写程序求解. 初学者编写程序的方法较为关键, 建议先简化模型, 编写对应的较为简单的程序, 在简单条件下能够计算出初步的结果, 然后再一步一步改进计算程序, 最后接近问题的解. 初学者想一步到位, 一次计算出结果, 几乎是不可能的事情. 对于不同的问题, 需要试算及反复修改调整. 没有达到预期结果的原因有很多, 有时是模型不恰当, 或者模型误差; 有时是计算程序错误而导致计算结果与实际出入较大. 竞赛题目中的几个问题, 一般是逐次递进的, 因此无论如何, 反复调整、不断修改是建模竞赛中常用的方法.

先从简单问题入手, 解决一个问题即成文一个问题, 主要负责写作的队员要不断写作. 因为竞赛限时的原因, 所以不能先打纸质草稿, 最后成文. 有时计算成果没有出来, 写作者需要先写作, 搭建好论文框架, 等到计算结果出来, 填写进去再下定性结论即可. 建模竞赛的题目一般是不确定问题, 建模的课题永远做不完, 因此不能恋战, 该结尾就结尾. 所给的所有问题主框架和主要成果写作完毕之后, 结尾、修改、润色及校对论文非常重要, 时间一般安排在交卷前 8 小时左右. 切记预留修改时间, 而且一定要修改多遍, 改到自己满意为止.

最后是摘要的写作, 时间安排在交卷前两小时, 在完成整篇论文写作之后, 即论文不需要作较大改动的时候, 可以开始写作摘要. 摘要就是整篇文章的浓缩, 让他人看后就知道该文章所做的工作. 摘要写好以后, 反复阅读, 力求用最简洁的文字将自己的思路、方法、模型、结果等内容表述出来.

习　题　1

1. 高等教育学费标准探讨.①

　　学费问题涉及每一个大学生及其家庭, 是一个敏感而又复杂的问题: 过高的学费会使很多学生无力支付, 过低的学费又使学校财力不足而无法保证质量. 请根据中国国情, 收集诸如国家生均拨款、培养费用、家庭收入等相关数据, 并据此通过数学建模的方法, 就几类学校或专业的学费标准进行定量分析, 得出明确、有说服力的结论. 数据的收集和分析是你们建模分析的基础和重要组成部分. 你们的论文必须观点鲜明、分析有据、结论明确.

---

① 题目来自 2008 年高教社杯全国大学生数学建模竞赛 B 题.

第 2 章　MATLAB 软件简介

在 20 世纪 70 年代中期, Cleve Moler 博士和其同事在美国国家科学基金的资助下开发了调用 EISPACK(求解特征值) 和 LINPACK(解线性方程) 的 FORTRAN 子程序库. 他们想教学生使用这些程序库, 但学生用 FORTRAN 编写接口程序很费时间, 因此他们就利用业余时间为学生编写 EISPACK 和 LINPACK 的接口程序, 取名为 MATLAB, 该名为矩阵 (matrix) 和实验室 (laboratory) 两个英文单词的前三个字母的组合. 在以后的数年里, MATLAB 在多所大学里作为教学辅助软件使用.

1983 年, John Little 觉察到 MATLAB 在工程领域的广阔应用前景, 他和 Cleve Moler, Sieve Bangert 一起, 用 C 语言开发了第二代专业版的 MATLAB 语言, 具备了数值计算和数据图示化的功能. 1984 年 MathWorks 公司成立, 正式把 MATLAB 推向市场. 之后的 30 多年里, MathWorks 公司顺应多功能需求之潮流, 在 MATLAB 强大的数值计算和图示能力的基础上, 又率先开拓了其符号计算、文字处理、可视化建模、实时控制能力、半实物仿真、智能计算等模块, 开发了适合多学科、多部门要求的新一代科技应用软件 MATLAB.

MATLAB 以其独特的方式备受人们喜爱, 其最大的特点是已有的函数可以调用, 或修改为自己所用; 没有的函数可以自己根据需要编写, 方便而灵活. 在欧美等高校, MATLAB 已经成为数学建模、自动控制理论、数理统计、数字信号处理、时间序列分析、动态系统仿真等课程的基本教学工具.

2.1　MATLAB 的界面与运行

2.1.1　MATLAB 的界面

MATLAB 的用户界面包含 6 个常用窗口和大量功能强大的工具按钮. 对这些窗口和工具的认识是掌握和应用 MATLAB R2012a 的基础. 本节将介绍这些窗口和工具的基本知识.

成功安装 MATLAB R2012a 后, 在桌面上出现 MATLAB 图标, 双击此图标, 或者选择 "开始" "所有程序" "MATLAB R2012a" "MATLAB R2012a" 命令, 启动 MATLAB R2012a, 就进入 MATLAB R2012a 的主界面.

MATLAB R2012a 的默认窗口如图 2.1 所示, 其中包括菜单栏、工具栏、命令窗口、命令历史窗口、工作区窗口和当前目录窗口等.

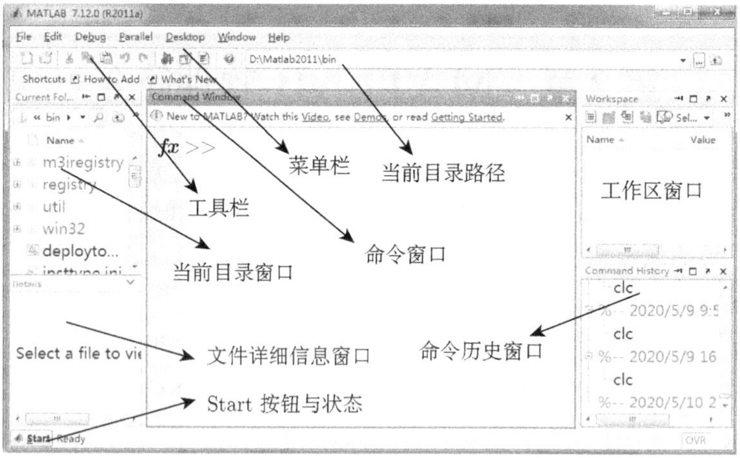

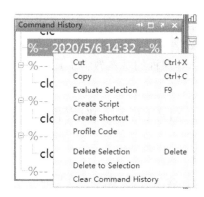

图 2.1   MATLAB R2012a 默认窗口

1. 命令历史窗口

默认情况下, 命令历史窗口位于右下角, 显示用户曾经输入过的命令, 并显示输入的时间, 方便用户查询. 对于命令历史窗口中的命令, 用户可以在某节点上右击, 在弹出的快捷菜单中选择命令进行相应的操作, 如图 2.2 所示, 或者双击再次执行.

图 2.2   命令历史窗口

2. 工作区窗口

工作区窗口, 可以通过标签显示或隐藏. 工作区窗口中显示当前工作区中的所有变量及其大小和类型等. 通过工作区可以对这些变量进行管理. 工作区的界面如图 2.3(a) 所示, 其中包含了工作区工具栏和显示窗口. 通过工具栏可以新建或删除变量、导入导出数据、绘制变量的图形等. 另外, 右击变量名可以对该变量进行操作, 如图 2.3(b) 所示.

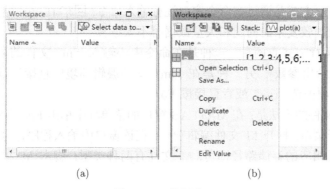

(a)   (b)

图 2.3   工作区窗口

3. 当前目录窗口

当前目录窗口显示当前路径下的所有文件和文件夹及其相关信息, 并且可以通过单击当前目录窗口的按钮或在右击弹出的快捷菜单中对这些文件进行操作, 如图 2.4 所示.

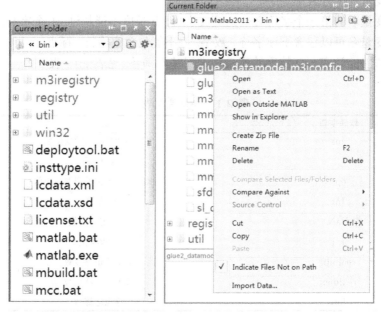

图 2.4   当前目录窗口

2.1.2   MATLAB 的运行

MATLAB 有两种运行方式: 命令行方式和 M 文件方式.

命令行运行方式是通过在命令窗口逐行输入命令, 回车 (Enter 键) 看结果, 但这一方式在处理较复杂的问题和大量数据时不太适合.

M 文件运行方式有两种: 一种是在命令中心输入 ".m" 文件的名字 (如果有参数, 就需要给出参数); 另一种是在 ".m" 文件编辑环境中直接运行, 一般是在 "debug" 菜单项中选 "run" 或者直接按 F5.

建立 M 文件的方法是: 在 MATLAB 窗口的菜单项中单击 File 菜单, 依次选择 New/m-file 子菜单, 打开 M 文件编辑窗口, 在该窗口中输入程序命令, 再以 ".m" 为扩展名选择相应的存储路径即可. M 文件有两种类型: 脚本 M 文件和函数 M 文件.

2.2   基 本 命 令

2.2.1   变量与函数

MATLAB 中所有的变量都是用矩阵形式表示的, 即所有的变量都表示一个矩阵或者一个向量. 其命名规则如下:

(1) 变量名区分大小写;

(2) 变量名的第一个字符必须为英文字母, 其长度不能超过 31 个字符;

(3) 变量名可以包含下连字符、数字, 但不能包含空格符、标点.

除此之外, 还有一些特殊的变量与常用基本函数, 见表 2.1、表 2.2.

表 2.1   特殊变量表

特殊变量	取值
ans	预设的计算结果的变量名
pi	圆周率
eps	MATLAB 定义的正的极小值
Inf	值, 无穷大
NaN	无法定义的值
i, j	虚数单位
realmin	最小的正浮点数
realmax	最大的正浮点数
flops	浮点运算数

表 **2.2** 常用基本函数

函数	名称	函数	名称
abs(x)	绝对值	length(x)	矩阵长度 (即行数或列数中的较大值)
exp(x)	以 e 为底的指数	size(x)	获取矩阵的行数和列数
log(x)	自然对数	mean(x)	矩阵 x 的均值
log10(x)	以 10 为底的对数	sin(x)	正弦函数
sum(x)	元素的总和	cos(x)	余弦函数
sqrt(x)	开平方	tan(x)	正切函数
max(x)	最大值	asin(x)	反正弦函数
min(x)	最小值	acos(x)	反余弦函数
fix(x)	取整	atan(x)	反正切函数

2.2.2 数组

MATLAB 是以数组和矩阵的方式存储数据的, 下面介绍数组的建立、运算和访问.

1. 数组的建立

简单数组的建立有四种常用的方法:

(1) X=[a, b, c, d, e, f, h]　直接将数据输入, 相邻数据用逗号隔开, 或者用空格隔开;

(2) X=first:last　表示从 first 开始, 加步长 1 计数, 到 last 结束的一个行向量;

(3) X=first:step:last　表示从 first 开始, 加步长 step 计数, 到 last 结束的一个行向量;

(4) X=linspace(first:last:n)　表示从 first 开始, 到 last 结束, 有 n 个元素的一个行向量.

若须建立简单列向量, 有两种方法: 直接建立和转置建立. 直接建立, 如 X=[a; b; c; d; e; f]: 直接将数据输入, 相邻数据用分号隔开; 或者转置建立, 将以上行向量转置, 即 X′.

2. 数组的运算

数组的运算有两种: 标量与数组的加、减、乘、除、乘方运算, 数组与数组的加、减、乘、除、幂运算.

设 $a=[a_1, a_2, a_3, a_4, a_5]$, $b=[b_1, b_2, b_3, b_4, b_5]$, k 为标量, 则

a+k=[a1+k,a2+k,a3+k,a4+k,a5+k];

a*k=[a1*k,a2*k,a3*k,a4*k,a5*k];

a./k=[a1/k,a2/k,a3/k,a4/k,a5/k];%(右除)

a.\k=[a1\k,a2\k,a3\k,a4\k,a5\k];%(左除)

```
a.^k=[a1^k,a2^k,a3^k,a4^k,a5^k];
k.^a=[k^a1,k^a2,k^a3,k^a4,k^a5];
a+b=[a1+b1,a2+b2,a3+b3,a4+b4,a5+b5];
a.*b=[a1*b1,a2*b2,a3*b3,a4*b4,a5*b5];
a./b=[a1/b1,a2/b2,a3/b3,a4/b4,a5/b5];
a.\b=[a1\b1,a2\b2,a3\b3,a4\b4,a5\b5];
a.^b=[a1^b1,a2^b2,a3^b3,a4^b4,a5^b5];
```

例 2.1　创建两个数组, 并进行数组与标量及数组与数组的加、减、乘、除、乘方、幂运算.

```
>> x=[1,2,3,5,8,13];
   y=1:6
   k=2;
   u1=x+k
   u2=x*k
   u3=x./k
   u4=x.\k
   u5=x.^k
   u6=k.^x
   u7=x+y
   u8=x.*y
   u9=x.^y
```

结果为

```
   y = 1      2      3      4      5      6
   u1 = 3      4      5      7      10     15
   u2 = 2      4      6      10     16     26
   u3 =
Columns 1 through 3
5.000000000000000e-001 1.000000000000000e+000 1.500000000000000e+000
Columns 4 through 6
2.500000000000000e+000 4.000000000000000e+000 6.500000000000000e+000
   u4 =
Columns 1 through 3
2.000000000000000e+000 1.000000000000000e+000 6.666666666666666e-001
Columns 4 through 6
4.000000000000000e-001 2.500000000000000e-001 1.538461538461539e-001
```

u5 = 1	4	9	25	64	169
u6 = 2	4	8	32	256	8192
u7 = 2	4	6	9	13	19
u8 = 1	4	9	20	40	78
u9 = 1	4	27	625	32768	4826809

3. 数组的访问

MATLAB 中可以访问数组的任意一个元素和任意一块元素, 如 x(i) 表示数组的第 i 个元素; x(a:b:c) 表示访问数组 x 从第 a 个元素开始, 以步长为 b 到第 c 个元素结束的多个元素.

例 2.2　>> x=[1,2,3,5,8,13,21,34];

y=x(3)

z=x(2:2:8)

结果为

y = 3

z = 2　5　13　34

2.2.3 矩阵

矩阵的建立遵循行向量和列向量所用的方式, 逗号或空格用于分隔同一行的元素, 分号用于区分不同行的元素, 除了分号, 还可以用 Enter 键区分不同行的元素.

例 2.3　>> x=[1 2 2 4;2 4 4 8;3 9 9 27]

x = 1　2　2　4

　　2　4　4　8

　　3　9　9　27

矩阵与标量的运算, 矩阵与矩阵的运算同数组的运算类似, 以下给出几个常用的矩阵运算命令:

A*B　表示矩阵乘法;

det(A)　表示方阵的行列式;

inv(A)　表示方阵的逆;

[V, D]=eig(A)　表示方阵的特征值与特征向量.

矩阵的访问比数组的访问要复杂:

A 为 $m \times n$ 矩阵, B 为 $1 \times n$ 矩阵, C 为 $m \times 1$ 矩阵;

A(i, j)　表示访问矩阵 A 的第 i 行、第 j 列的元素;

A(i, :)　表示访问矩阵 A 的第 i 行的所有元素;

A(:, j)　表示访问矩阵 A 的第 j 列的所有元素;

A(i1:i2, :) 表示访问矩阵 A 的第 i_1 行到第 i_2 行的所有元素;

A(:, j1:j2) 表示访问矩阵 A 的第 j_1 列到第 j_2 列的所有元素;

A(i2:−1:i1, :) 表示以逆序访问矩阵 A 的第 i_2 行到第 i_1 行的所有元素;

A((i1:i2, j1:j2) 表示访问矩阵 A 的第 i_1 行到第 i_2 行, 第 j_1 行到第 j_2 行的元素;

A(i1:i2, :)=[ ] 表示删除矩阵 A 的第 i_1 行到第 i_2 行元素构成的新矩阵;

A(:, j1:j2)=[ ] 表示删除矩阵 A 的第 j_1 列到第 j_2 列元素构成的新矩阵;

[A C] 表示将 $m \times n$ 矩阵 A 和 $m \times 1$ 矩阵 C 拼接成新的 $m \times (n+1)$ 矩阵;

[A; B] 表示将 $m \times n$ 矩阵 A 和 $1 \times n$ 矩阵 B 拼接成新的 $(m+1) \times n$ 矩阵.

此外, MATLAB 提供了一些建立特殊矩阵的命令:

[ ] 表示产生一个空矩阵;

zeros(m, n) 表示产生一个 m 行、n 列的零矩阵;

ones(m, n) 表示产生一个 m 行、n 列的元素全为 1 的矩阵;

eye(m, n) 表示产生一个 m 行、n 列的单位矩阵;

diag(A) 表示若 A 为向量, 则产生一个以 A 为主对角元素的对角矩阵; 若 A 为方阵, 则产生一个以 A 的主对角元素为元素的向量.

2.3 作   图

2.3.1 二维作图

在 MATLAB 中, 最常用、最简单的二维图形的绘图函数是 plot, 例如: plot(x, y); plot(x, y, 's'); plot(x, y1, 's1', x, y2, 's2', $\cdots$, x, yn, 'sn'), 其中 x, y 为同维数向量, 分别表示点集的横坐标和纵坐标. plot(x, y) 描绘直角坐标系中该点集所表示的曲线, 其线型及颜色由 s 确定, 常见的线型及颜色如表 2.3 所示.

表 2.3 绘图常见线型及颜色的表示

线	符号	线	符号	颜色	符号
实线	—	空心圆点	○	蓝色	b
虚线	$\cdots$	加号	+	红色	r
实心圆点	·	叉号	×	黄色	y
虚线间点	−.	雪花	*	绿色	g

此外还有二维绘图函数:

ezplot 用于显函数、隐函数和参数方程作图;

bar 条形图;

hist 直方图;

polar　极坐标下二维图形的绘图函数;

grid　放置格栅;

gtext　用鼠标放置文本;

hold　保持当前图形;

text　在给定位置放置文本;

title　放置图标题;

xlabel　放置 x 轴标题;

ylabel　放置 y 轴标题;

zoom　缩放图形;

axis([x1, x2, y1, y2])　设置坐标轴范围;

subplot(m, n, i)　表示将窗口分割成 m 行、n 列, 即 $m \times n$ 个区域, i 表示第 i 个区域. 下面给出绘制二维图形的具体例子.

例 2.4　(1) 在直角坐标系中绘制 $y = \sin x$ 在 $[0, 2\pi]$ 的图形;

(2) 在同一直角坐标系中绘制 $y = \sin x, y = \cos x, y = \tan x, y = \cot x$ 在 $[0, 2\pi]$ 上的图形.

解　(1)

x=0:0.01:2*pi; %在0到2*pi区间上, 以0.01为步长, 产生一个行向量

y=sin(x);

plot(x,y,'r-')　　　　　　% r表示红色, -表示实线

title('正弦曲线');　　　% 图形的标题为正弦曲线

xlabel('x');ylabel('y'); % 横轴的名称为x, 纵轴的名称为y

执行结果如图 2.5 所示.

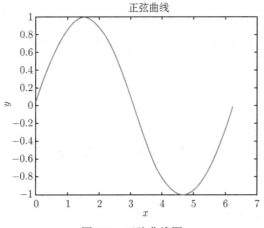

图 2.5　正弦曲线图

(2) 有两种作图方法.

方法一

```
x=0:0.01:2*pi;
y1=sin(x);
y2=cos(x);
y3=sin(x).*cos(x);
y4=sin(x)./(cos(x)+eps); %避免分母为零, 加了一个很小的正数esp
plot(x,y1,'r.',x,y2,'b.',x,y3,'m.',x,y4,'g.');
     %四个函数画在同一坐标系中
axis([0 2*pi -3 3]);
title('四个三角函数');
xlabel('x');ylabel('y');
grid on;          %在当前图上加网格
```

执行结果如图 2.6 所示.

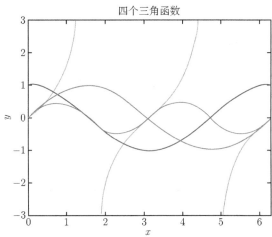

图 2.6　同一坐标系中的四个函数

方法二

```
x=linspace(0,2*pi,60);
     % 在0到2*pi区间上, 插入60个点, 产生一个行向量
y1=sin(x);
y2=cos(x);
y3=sin(x).*cos(x);
y4=sin(x)./(cos(x)+eps); % 避免分母为零, 加了一个很小的正数esp
```

```
plot(x,y1,'r.');
hold on   % 保持当前图形，以便继续画图到当前图上
plot(x,y2,'b.');
plot(x,y3,'y.');
plot(x,y4,'g.');
title('四个三角函数');
xlabel('x');ylabel('y');
grid on;
```

执行结果如图 2.7 所示.

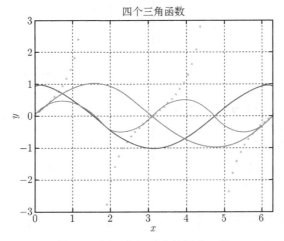

图 2.7　同一坐标系中的四个函数

若将四个函数画在同一窗口中:

```
x=0:0.01:2*pi;
subplot(2,2,1);plot(x,sin(x))
title('正弦函数');
xlabel('x');ylabel('y');
axis([0,2*pi -1 1]);
subplot(2,2,2);plot(x,cos(x))
title('余弦函数');
xlabel('x');ylabel('y');
axis([0,2*pi -1 1]);
subplot(2,2,3);plot(x,sin(x).*cos(x))
title('正弦与余弦乘积函数');
```

```
axis([0,2*pi -0.5 0.5]);
xlabel('x');ylabel('y');
subplot(2,2,4);plot(x,sin(x)./(cos(x)+eps))
title('正切函数');
xlabel('x');ylabel('y');
axis([0,2*pi -3 3]);
```

执行结果如图 2.8 所示.

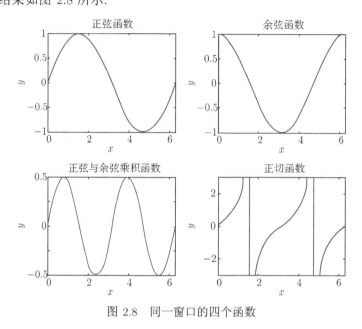

图 2.8　同一窗口的四个函数

2.3.2　三维作图

在 MATLAB 中, 常见的三维作图的绘图函数有三个: plot3, mesh, surf. 三个绘图函数各有侧重:

　　plot3　只能绘制出三维的曲线, 并不能绘制出三维曲面;

　　mesh　绘制空间曲面, 网格范围为空白;

　　surf　绘制空间曲面, 其网格范围会被填充.

例 2.5　作旋转抛物面 $z = x^2 + y^2$ 的图形.

(1) 使用 plot3 命令.

```
x=-3:0.1:3;
y=-3:0.1:3;
[X,Y]=meshgrid(x,y);  % 产生一个以向量x为行, 向量y为列的矩阵
```

```
Z=X.^2+Y.^2;
plot3(X,Y,Z);
title('旋转抛物面');
xlabel('x');ylabel('y');zlabel('z');
```

执行结果如图 2.9 所示.

(2) 使用 mesh 命令.

```
x=-3:0.1:3;
y=-3:0.1:3;
[X,Y]=meshgrid(x,y);
Z=X.^2+Y.^2;
mesh(X,Y,Z);
title('旋转抛物面');
xlabel('x');ylabel('y');zlabel('z');
```

执行结果如图 2.10 所示.

(3) 使用 surf 命令.

```
x=-3:0.1:3;
y=-3:0.1:3;
[X,Y]=meshgrid(x,y);
Z=X.^2+Y.^2;
surf(X,Y,Z);
title('旋转抛物面');
xlabel('x');ylabel('y');zlabel('z');
```

执行结果如图 2.11 所示.

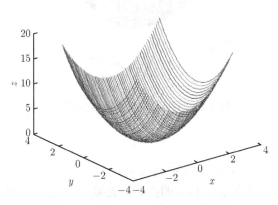

图 2.9　使用 plot3 命令绘制图形

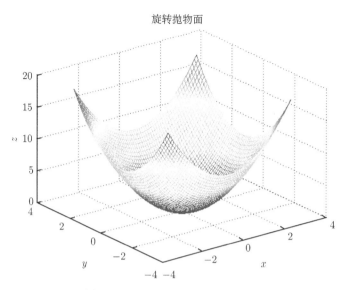

图 2.10　使用 mesh 命令绘制图形

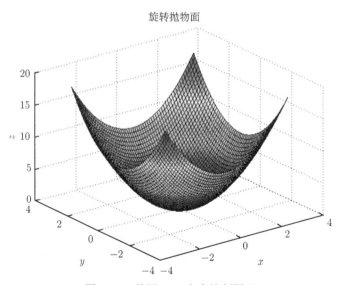

图 2.11　使用 surf 命令绘制图形

2.3.3　散点图

1) 二维散点图: scatter(x, y, s, c, 'filled')

scatter(x, y, s, c) 在向量 x 和 y 的指定位置显示彩色圈, x 和 y 大小必须相同, s 表示圈的尺寸大小, c 表示圈的颜色, 'filled' 表示实心圈.

scatter(x, y) 和 plot(x, y) 的效果相似, 就是根据 x 和 y 坐标绘制出所有点, 而 plot 默认是将所有点按一定的顺序连接成一条多段线. 当 plot 指定了线形时, 就可以绘制不同的图形, 比如 plot(x, y, '*').

例 2.6 绘制二维散点图, 数据见表 2.4.

表 2.4

x	11.9	11.5	14.5	15.2	15.9	16.3	14.6	12.9	15.8	14.1
y	196.4	196.4	197.0	197.3	197.5	197.3	197.4	196.6	196.5	196.8

代码如下:

```
x=[11.9,11.5,14.5,15.2,15.9,16.3,14.6,12.9,15.8,14.1];
y=[196.4,196.4,197,197.3,197.5,197.3,197.4,196.6,196.5,196.8];
subplot(2,1,1);plot(x,y,'*');title('plot命令绘制');
subplot(2,1,2);scatter(x,y,50,'r','filled');
title('scatter命令绘制');
```

执行结果如图 2.12 所示.

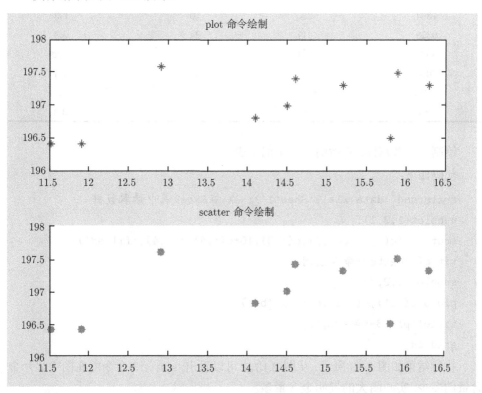

图 2.12　二维散点图

2) 三维散点图: scatter3(x, y, s, c)

scatter3(x, y) 和 plot3(x, y) 的效果相似, 就是根据 x, y 和 z 坐标绘制出所有点, 而 plot3 默认是将所有点按一定的顺序连接成一条多段线. 当 plot3 指定了线形时, 就可以绘制不同的图像, 如 plot3(x, y, z, '.').

例 2.7　某区域的相关数据如表 2.5 所示.

表 2.5

X 坐标	Y 坐标	海拔	金含量/mg
4043	1895	14	9.17
2427	3971	2	5.72
4777	4897	8	11.45
6534	5641	6	7.84
4592	4603	6	8.5
2486	5999	2	5.51
3573	6213	5	9.39
5375	8643	15	4.09
7304	5230	10	6.35
9328	4311	24	3.5
8077	6401	29	4.29
7056	8348	37	7.41
15467	8658	17	2.91
14844	5519	62	3.3

绘制三维散点图, 并指明金含量的多少.

代码如下:

```
c=xlsread('data.xls','Sheet1');   % 在Excel表中读取数据
subplot(1,2,1);
scatter3(c(:,1),c(:,2),c(:,3),10*c(:,4),c(:,4),'filled');
title('scatter3命令绘制');
subplot(1,2,2);
plot3(c(:,1),c(:,2),c(:,3),'b*');
title('plot3命令绘制');
grid on
```

执行结果如图 2.13 所示. 从图 2.13 中可以看出, scatter3 命令能在图中显示金含量的多少, 实心圈大的说明金含量多.

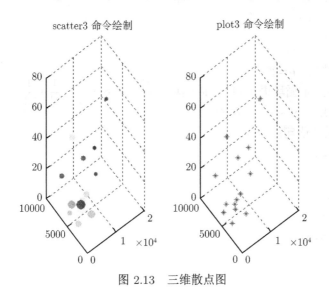

图 2.13　三维散点图

2.4　循 环 语 句

下面介绍两种循环语句.

(1) for 循环语句. 它是以预定的次数重复计算的一组命令. 用以下简单例子来说明计算 1 到 100 的和.

```
sum=0;
for i=1:100
   sum=sum+i;
end
sum
```

代码执行结果: sum=5050.

(2) while 循环语句. 它与 for 循环语句不同, while 循环语句是以不定的次数重复计算一组命令. 用以下简单例子来说明.

兔子问题 (斐波那契数列): 设初生兔子一个月以后成熟, 而一对成熟兔子每月会生一对兔子, 假设一对兔子一雄一雌, 不会生老病死, 请问要繁殖得到 10000 对兔子, 需要多少个月? 程序如下:

```
f(1)=1;f(2)=2;
n=2;
while f(n)<=10000
    n=n+1;
    f(n)=f(n-1)+f(n-2);
```

```
end
n
```

代码执行结果: $n=20$.

例 2.8   用 for 循环语句和 while 循环语句计算 $e = \dfrac{1}{0!} + \dfrac{1}{1!} + \dfrac{1}{2!} + \cdots + \dfrac{1}{n!} + \cdots$ 的近似值 e^* (要求 $|e^* - e| < 10^{-9}$).

先用 for 循环语句:

```
a=1;
e1=1;
for i=1:n
    a=a*i;
    e1=1/a+e1;
end
e1
err=abs(e1-e)
```

赋值给 e1, 当 $n = 12$ 时, 计算结果为 e1=2.718281801146385, 误差为 1.7×10^{-9}, 满足条件.

再用 while 循环语句:

```
e=2.718281828459;
i=1;
a=1;
e1=1;
err=1;
while err>10^(-8)
    a=a*i;
    e1=1/a+e1;
    i=i+1;
    err=abs(e1-e);
end
n=i-1
e1
```

输出结果为 $n = 12$, e1=2.718281826198493.

从以上两种循环语句的程序可以看出, for 循环语句预先给出了循环的次数, 但 while 循环语句预先没有给出循环的次数, 而是根据相应条件的真伪, 判断是否循环.

2.5 条 件 语 句

条件语句的结构有多种.

(1) 只有一个选择, 例如:

序列 $1, 3, -1, 2, 6, -9, -5, 7, 8, 1, 3, 8, -6, 8, -9, -7, 2, 4, -3, -3, -4, 7, 7,$
$8, 3, 1, 3, 1, 3, 6, 8, 5, 5, 6, 4, 5, 7, 4, 2, 4, 5, -7, 5, 4, 2, 5, 7, 8, 8, 8, 7, 6, -5, 4, 3,$
$2, 1, 6, 6, -5, 4, 3, 2, 1, -1, 2, 2, 3, -4, 5, 6, 7$ 中, 正数和负数的个数分别有多少?

程序如下:

```
array=[1,3,-1,2,6,-9,-5,7,8,1,3,8,-6,8,-9,-7,2,4,-3,-3,-4,7,7,...
8,3,1,3,1,3,6,8,5,5,6,4,5,7,4,2,4,5,-7,5,4,2,5,7,8,8,8,7,6,-5,...
4,3,2,1,6,6,-5,4,3,2,1,-1,2,2,3,-4,5,6,7];
total=length(array)
positive=0;
for i=1:total
    if array(i)>0
        positive= positive+1;
    end
end
positive
negative=total-positive
```

代码执行结果: 正数有 58 个, 负数有 14 个.

(2) 有两种选择, 例如, 作绝对值函数 $f(x) = \begin{cases} x, & x \geqslant 0, \\ -x, & x < 0 \end{cases}$ 的图形, 如图 2.14 所示.

程序如下:

```
x=-5:5;
for i=1:10
    if x(i)>=0
        y(i)=x(i);
    else
        y(i)=-x(i);
    end
end
plot(x,y,'r')
```

```
title('绝对值函数');
xlabel('x');ylabel('y');
axis([-6 6 0 6]);
```

执行结果如图 2.14 所示.

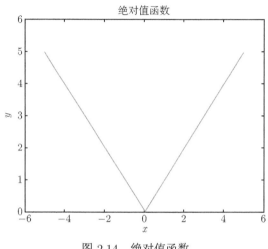

图 2.14   绝对值函数

(3) 有三种或三种以上选择, 例如, 作取整函数 $f(x) = [x]$ 的图形, 如图 2.15 所示.

程序如下:

```
x=linspace(-2,2,40);
for i=1:40
  if x(i)>=-2&x(i)<-1
      y(i)=-2;
      else if x(i)>=-1&x(i)<0
      y(i)=-1;
      else if x(i)>=0&x(i)<1
      y(i)=0;
      else  if x(i)>=1&x(i)<2
      y(i)=1;
      else
      y(i)=2;
      end
      end
```

```
      end
   end
end
plot(x,y,'r.')
title('取整函数');
xlabel('x');ylabel('y');
axis([-3 3 -3 3]);
```

代码执行结果如图 2.15 所示.

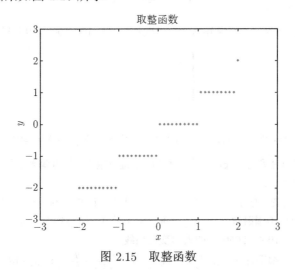

图 2.15 取整函数

条件语句往往与循环语句结合使用.

例 2.9 将一组随机数从小到大排列.

```
primitive=randperm(10)   % 产生一个从1到10的随机序列
new=[ ];
for i=1:10
    for j=i:10
    if primitive(i)>primitive(j)
        new(i)=primitive(j);
        primitive(j)=primitive(i);
        primitive(i)=new(i);
    else
        new(i)=primitive(i);
    end
```

```
    end
end
new
```
代码执行结果如下:
```
primitive =  8    2   10    7    4    3    6    9    5    1
new = 1    2    3    4    5    6    7    8    9    10
```

习   题   2

1. 编写 MATLAB 程序, 任意输入一个自变量 $x \in [-100, 100]$, 输出分段函数值 y.

$$y = \begin{cases} \mathrm{e}^x, & x < 1, \\ x^2, & 1 \leqslant x < 2, \\ \ln x, & x \geqslant 2 \end{cases}$$

2. 编写 MATLAB 程序, 对任意输入的 N, 输出 $S = \displaystyle\sum_{n=1}^{N} n! \, (N \leqslant 20)$.

3. 编写 MATLAB 程序, 选取一个正整数, 由键盘输入, 若为偶数则除以 2; 若为奇数则乘 3 加 1, 直至此数为 1.

4. 若人口随时间变化的函数为 $N(t) = Ce^{k(t-1965)}$, 已知 1960~1970 年世界人口的平均增长率 $k = 0.02$, 根据美国财政部的估计, 1965 年 1 月 1 日 0 时, 全世界人口总数为 33.4 亿, 请用 MATLAB 画出 1900~2050 年的人口变化曲线.

5. 用 MATLAB 编写程序, 绘制 $z = xy$, $y = \dfrac{\sin(x^2 + y^2)}{x^2 + y^2}$, $x \in [-18, 18]$, $y \in [-18, 18]$ 的三维图形.

第 3 章　微分方程数值解

　　自然科学中大量问题最终的模型都表示成微分方程的形式, 而对于微分方程的求解是我们面临要解决的问题. 理论上最完美的当然是解析解, 但很多时候要给出解析解是很困难的, 而且实际应用中对精度的要求并没有那么严格, 这时候我们要借助计算机给出数值解. 在解决实际问题时, 对所求的解通常是要满足特定条件的 (如初边值条件), 也就是特解. 本章的数值求解, 主要针对的是特解的数值解. 下面以二维平面中求常微分方程的数值解为例介绍微分方程数值解的一些常用方法[2].

　　常微分方程的特解是求解满足方程和特定条件的解析表达式 (函数). 回想最开始学习解析几何时, 某一特定的函数如: $y = f(x), 0 \leqslant x \leqslant 1$, 这是函数的解析表达式, 它对应平面上的一条曲线. 要画出这条曲线, 常用的方法是描点, 在平面上描出这个曲线上的 $N+1$ 个点 $(x_1, y_1), (x_2, y_2), \cdots, (x_{N+1}, y_{N+1})$, 然后把这些点连起来, 便得到了曲线. 于是我们给出这样的对应关系:

$$\text{特解} \longleftrightarrow \text{特定函数} \longleftrightarrow \text{特定曲线} \longleftrightarrow \text{特定点列}$$

这样求数值解的目标就可以转换为求满足方程的一组点列. 下面先以简单的一阶常微分方程为例, 介绍如何求出点列.

3.1　一阶常微分方程

　　设有一阶常微分方程:

$$\frac{\mathrm{d}y}{\mathrm{d}x} = f(x) \tag{3.1}$$

其中 $f(x)$ 是已知的给定函数, $a \leqslant x \leqslant b$, $f(a) = y_1$ 已知.

　　为了求出点列, 通常先在区间 $[a, b]$ 上均匀插入 $N-1$ 个点, 分割成均匀的 N 个小区间:

$$a = x_1, x_2, \cdots, x_i, \cdots, x_{N+1} = b$$

这里 N 通常是根据实际精度需要给定一个较大的正整数. 当 N 给定后, 显然我们要求的点列 $(x_1, y_1), (x_2, y_2), \cdots, (x_{N+1}, y_{N+1})$ 中的 $x_1, x_2, \cdots, x_i, \cdots, x_{N+1}$ 就全部得到了, 即 $x_{i+1} = a + \dfrac{i(b-a)}{N}$, $i = 1, 2, \cdots, N$. 因此, 只要求出对应的 $\{y_{i+1}\}, i = 1, 2, \cdots, N$, 则点列 $(x_1, y_1), (x_2, y_2), \cdots, (x_{N+1}, y_{N+1})$ 就作出来了. 为求出 $\{y_i\}, i = 1, 2, \cdots, N+1$, 需要把微分方程 (3.1) 改写成对应的差分方程:

$$\frac{y_{n+1} - y_n}{\Delta x} = f(x_n) \tag{3.2}$$

其中 $\Delta x = \dfrac{b-a}{N}$, $n = 1, 2, 3, \cdots, N$. 根据已知条件中 $f(a) = y_1$, 即 y_1 已知, 则根据 (3.2) 可以递推出所有 $\{y_n\}, n = 2, 3, \cdots, N+1$. 该方法称为欧拉法.

例 3.1
$$\frac{\mathrm{d}y}{\mathrm{d}x} = 2x + \sin x$$

$x \in [0, 2]$, $y(0) = 1$, 求数值解.

步骤 1: N 取 100, 把 $[0, 2]$ 均匀分割成 100 个区间, 得到 $N+1$ 个均匀点:

$$x_1 = 0, \ x_2 = \frac{2}{100}, \ \cdots, \ x_i = \frac{2i}{100}, \ \cdots, \ x_{N+1} = 2, \quad \Delta x = \frac{2}{100}$$

步骤 2: 写出差分方程:

$$\frac{y_{n+1} - y_n}{\Delta x} = x_n + \sin x_n \Rightarrow y_{n+1} = y_n + (x_n + \sin x_n) \times \Delta x$$

步骤 3: 把 $y_1 = 1$ 代入, 递推出所有 $\{y_n\}, n = 2, 3, \cdots, N+1$.

MATLAB 程序

```
% 本程序用欧拉法数值求解一阶常微分方程:
% dy/dx=2x+sin(x)
% x属于[0,2], 边界条件: y(0) = 1
clc; clear all;close all; %清除变量
N=100;              %区间分割数
a = 0;              %左端点
b = 2;              %右端点
delta_x = (b-a)/N;     %步长
x = a:delta_x:b;       %区间均匀分割
y = zeros(1,N+1);     %准备用于存储yi值的数组
y(1) = 1;             %边界条件
for k = 1:N            %循环（递推）求解yi
   y(k+1) = y(k)+(2*x(k)+sin(x(k)))*delta_x;
end
plot(x,y)             %作图
grid on;
xlabel('x');
ylabel('y');
```

程序运行结果如图 3.1 所示.

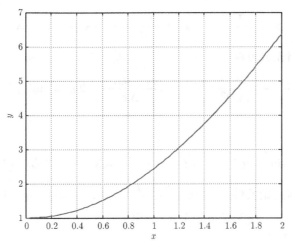

图 3.1 方程的解曲线

3.2 二阶常微分方程

在一阶常微分方程数值解的基础上, 对于二阶常微分方程:

$$\frac{\mathrm{d}^2 y}{\mathrm{d}x^2} + a(x)\frac{\mathrm{d}y}{\mathrm{d}x} + b(x)y = f(x) \tag{3.3}$$

把 (3.3) 改写成差分方程形式:

$$\frac{y_{n+1} - 2y_n + y_{n-1}}{(\Delta x)^2} + a(x_n)\frac{y_n - y_{n-1}}{\Delta x} + b(x_n)y_n = f(x_n) \tag{3.4}$$

由 (3.4) 给出递推关系式:

$$y_{n+1} = f(x_n)(\Delta x)^2 + (2 - b(x_n)(\Delta x)^2 - a(x_n)\Delta x)y_n + (a(x_n)\Delta x - 1)y_{n-1}$$

这里 y_{n+1}, y_n, y_{n-1} 分别表示 $y(x_{n+1}), y(x_n), y(x_{n-1})$.

显然根据递推关系, 如果知道了 y_1, y_2 的值, 就可以算出点列: $\{y_n\}$. 而 y_1, y_2 的值通常由初始条件或边界条件给出.

例 3.2

$$\frac{\mathrm{d}^2 y}{\mathrm{d}x^2} + 3\frac{\mathrm{d}y}{\mathrm{d}x} + 2y = \sin x$$

$x \in [0, \pi], y(0) = 0.7, y'(0) = -1.9$, 求数值解.

步骤 1: N 取 100, 把 $[0, \pi]$ 均匀分割成 100 个区间, 得到 $N+1$ 个均匀点

$$x_1 = 0, \ x_2 = \frac{\pi}{100}, \ \cdots, \ x_i = \frac{\pi i}{100}, \ \cdots, \ x_{N+1} = 2, \quad \Delta x = \frac{\pi}{100}$$

步骤 2: 写出差分方程

$$\frac{y_{n+1} - 2y_n + y_{n-1}}{(\Delta x)^2} + 3\frac{y_n - y_{n-1}}{\Delta x} + 2y_n = \sin(x_n)$$

并得到递推关系

$$y_{n+1} = \sin(x_n)(\Delta x)^2 + (2 - 2(\Delta x)^2 - 3\Delta x)y_n + (3\Delta x - 1)y_{n-1}$$

步骤 3: 根据初始条件 $y_1 = 0.7$, $\frac{y_2 - y_1}{\Delta x} = -1.9 \Rightarrow y_2 = y_1 - 1.9\Delta x$.

步骤 4: 把 y_1, y_2 代入递推关系式, 推出所有 $\{y_n\}, n = 3, \cdots, N+1$.

MATLAB 程序

```
% 本程序用欧拉法数值求解一阶常微分方程:
% y''+ay'+by=sin(x);  a=3,b=2;
% x属于[0,pi], 边界条件: y(0) = 0.7,y'(0)=-1.9
clc; clear all;close all; %清除变量
N=128;                        %区间分割数
a = 3;                        %参数值
b = 2;                        %参数值
L = 0;                        %左端点
R = pi;                       %右端点
delta_x = (R-L)/N;         %步长
x = L:delta_x:R;           %区间均匀分割
y = zeros(1,N+1);          %准备用于存储yi值的数组
y(1) = 0.7;                  %边界条件
y(2) = y(1) - 1.9*delta_x;
for k = 2:N                 %循环（递推）求解yi
    y(k+1) = sin(x(k))*delta_x^2+(2-b*delta_x^2-a*delta_x)...
        *y(k)+(a*delta_x-1)*y(k-1);
end
plot(x,y)                    %作图
grid on;
xlabel('x');
ylabel('y');
```

程序运行结果如图 3.2 所示.

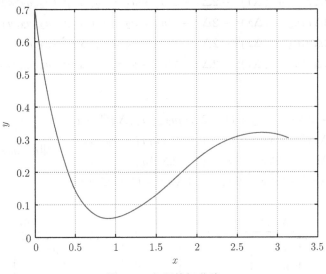

图 3.2 方程的解曲线

对于数值解的结果, 我们可以进行验证.

根据所学的常微分方程知识, 显然例 3.2 的精确解是

$$y(x) = \mathrm{e}^{-2x} + 0.1\sin x + 0.3\cos x \tag{3.5}$$

可以把数值解和精确解在同一坐标系下作图, 进行直观的比较. 在该过程中, 分别取 $N = 32, 64, 128, 256$ 查看结果 (图 3.3).

从图 3.3 显然可以看出, N 取得越大, 数值解越接近精确解. 在 N 取相同情况下, 可以有很多办法提高精度, 有兴趣的读者可以另外深入学习.

对于二阶常微分方程, 没有初始条件, 而只是给出左右边界条件的情况, 直接使用欧拉法会碰到问题, 需要另外考虑隐式的求解方法. 下面通过例子来介绍该方法的详细过程.

例 3.3 方程: $\dfrac{\mathrm{d}^2 u}{\mathrm{d}x^2} + 2\dfrac{\mathrm{d}u}{\mathrm{d}x} + u = x, x \in [1, 3]$; 边界条件: $u(1) = 0, u(3) = 1$. 求原方程的数值解 $u(x)$.

如果直接使用前面介绍的方法, 把区间 $[1, 3]$ 作分割, 并写出差分方程, 根据边界条件: $u(1) = 0, u(N+1) = 1$, 显然无法直接计算 u_2, u_3, 因为根据差分方程用显式欧拉法需要知道前两个才能算出后一个的值. 为了方便介绍理论过程, 可以先取 $N = 5$, 则 $u_1 = 0, u_6 = 1$, 需要求解的是 u_2, u_3, u_4, u_5 的值. 根据差分方程, 可以得到以下方程组：

$$\begin{cases} (1+2\Delta x)u_3 + [(\Delta x)^2 - 2\Delta x - 2]u_2 + u_1 = x_2(\Delta x)^2 \ (u_2, u_3\text{未知}), \\ (1+2\Delta x)u_4 + [(\Delta x)^2 - 2\Delta x - 2]u_3 + u_2 = x_3(\Delta x)^2 \ (u_2, u_3, u_4\text{未知}), \\ (1+2\Delta x)u_5 + [(\Delta x)^2 - 2\Delta x - 2]u_4 + u_3 = x_4(\Delta x)^2 \ (u_3, u_4, u_5\text{未知}), \\ (1+2\Delta x)u_6 + [(\Delta x)^2 - 2\Delta x - 2]u_5 + u_4 = x_5(\Delta x)^2 \ (u_4, u_5\text{未知}) \end{cases}$$

$\Rightarrow$

$$\begin{cases} [(\Delta x)^2 - 2\Delta x - 2]u_2 + (1+2\Delta x)u_3 = x_2(\Delta x)^2 - u_1, \\ u_2 + [(\Delta x)^2 - 2\Delta x - 2]u_3 + (1+2\Delta x)u_4 = x_3(\Delta x)^2, \\ u_3 + [(\Delta x)^2 - 2\Delta x - 2]u_4 + (1+2\Delta x)u_5 = x_4(\Delta x)^2, \\ u_4 + [(\Delta x)^2 - 2\Delta x - 2]u_5 = x_5(\Delta x)^2 - (1+2\Delta x)u_6 \end{cases}$$ （即u_1, u_6是已知的）

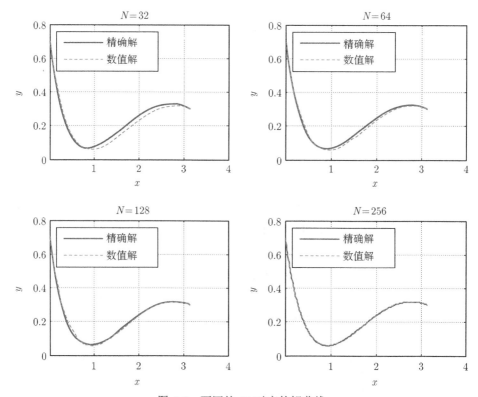

图 3.3 不同的 N 对应的解曲线

上述线性方程组可以表示成矩阵形式：

$$AU = B$$

其中

$$U = \begin{pmatrix} u_2 \\ u_3 \\ u_4 \\ u_5 \end{pmatrix}, \quad B = \begin{pmatrix} x_2(\Delta x)^2 - u_1 \\ x_3(\Delta x)^2 \\ x_4(\Delta x)^2 \\ x_5(\Delta x)^2 - (1 + 2\Delta x)u_6 \end{pmatrix}$$

$$A = \begin{pmatrix} (\Delta x)^2 - 2\Delta x - 2 & 1 + 2\Delta x & 0 & 0 \\ 1 & (\Delta x)^2 - 2\Delta x - 2 & 1 + 2\Delta x & 0 \\ 0 & 1 & (\Delta x)^2 - 2\Delta x - 2 & 1 + 2\Delta x \\ 0 & 0 & 1 & (\Delta x)^2 - 2\Delta x - 2 \end{pmatrix}$$

(三对角矩阵)

则 $U = A^{-1}B, u = \begin{pmatrix} u_1 \\ \vdots \\ u_i \\ \vdots \\ u_{N+1} \end{pmatrix}$.

N 取更大的值, 过程是一样的, 可以用程序来求数值解. 在求解之前要推导一遍前面的求解过程, 以理清算法和细节. 在 MATLAB 中, 如果 A 和 B 都已知, 只要用 $U = A \backslash B$ 就可以求解得未知向量 U 的值. 因此在程序中关键是实现对矩阵 A 和 B 的赋值问题.

步骤 1: N 取 100, 把 $[1,3]$ 均匀分割成 100 个区间, 得到 $N + 1$ 个均匀点

$$x_1 = 1, \; x_2 = 1 + \frac{2}{100}, \; \cdots, \; x_i = 1 + \frac{2i}{100}, \; \cdots, \; x_{N+1} = 3, \quad \Delta x = \frac{2}{100}$$

步骤 2: 写出差分方程并整理得

$$(1 + 2\Delta x)u_{n+1} + [(\Delta x)^2 - 2\Delta x - 2]u_n + u_{n-1} = x_n(\Delta x)^2$$

步骤 3: 根据步骤 2, 写出 A 和 B 中每一项的一般形式;

步骤 4: 对矩阵 A 和 B 进行赋值;

步骤 5: 把 u_1, u_{N+1} 代入, 算出所有 $\{u_n\}, n = 2, \cdots, N$.

MATLAB 程序

```
% 隐式方程
```

```
% d^2u/dx^2+2du/dx+u=x;
% 求x=[1,3]的u(x)数值解;
% 边界条件 u(1)=0;u(3)=1;
clc;clear all;
a=1;b=3;   % x的区间[a,b]
N=50; % x的分割数
hx=(b-a)/N; % x的步长
x=a:hx:b;
u=zeros(N+1,1);   % 存储u(x)的值
B=zeros(N-1,1);    % 存储B的值
A=zeros(N-1,N-1);    % 存储A的值
u(1)=0; % 边界条件u(1)=0
u(N+1)=1; % 边界条件u(3)=1
B(1)=x(2)*(hx)^2-u(1); % 矩阵B的第一个值
B(N-1)=x(N)*(hx)^2-u(N+1)*(1+2*hx); % 矩阵B的最后一个值
for k=2:N-2
    B(k)=x(k+1)*(hx)^2; % 矩阵B的值（除B的第一个和最后一个值外）
end
%--------A的值---------%
A(1,1)=(hx)^2-2*hx-2; % 矩阵A的最后一行
for i=2:N)=(hx)^2-2*hx-2;
A(1,2)=1+2*hx; % 矩阵A的第一行
A(N-1,N-2)=1; A(N-1,N-1) -2
    A(i,i-1)=1;
    A(i,i)=(hx)^2-2*hx-2;
    A(i,i+1)=1+2*hx;
    % 矩阵A的值（除A的第一行和最后一行）
end
U=A\B; % 求出U的值，其中AU+B
for k=2:N
    u(k)=U(k-1); % 把U的值赋给u，且U的第一行赋给u的第二行,...,
    % U的最后一行赋给u的倒数第二行
end
plot(x,u,'r') % 绘出u(x)
```

程序运行结果如图 3.4.

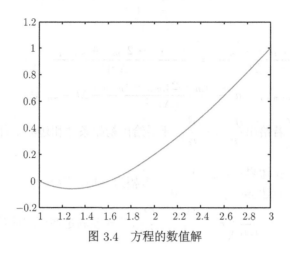

图 3.4 方程的数值解

在该计算过程中, 要提高精度, 可以增大 N 的取值. 当然, N 的值越大, 求解线性方程组所需要的时间也越长. 这里的矩阵 A 是三对角矩阵, 可以用追赶法求解, 因此随着 N 的增加, 时间复杂度是 $O(N)$. 这个大家有兴趣的可以自己实验.

3.3 偏微分方程数值解初步

本章最后再给出一个偏微分方程数值解的例子, 以此作为初级入门. 考虑两个变量的情况.

例如, $z = f(x,t)$, 其中 x 为空间, t 为时间,

$$\frac{\partial z}{\partial t} = a\frac{\partial^2 z}{\partial x^2}$$

$z_{m,n} = f(x_m, t_n)(m$ 为空间信息, n 为时间信息$)$

$$\frac{\partial z}{\partial t} = \frac{z_{m,n+1} - z_{m,n}}{\Delta t}$$

$$\frac{\partial z}{\partial x} = \frac{z_{m+1,n} - z_{m,n}}{\Delta x}$$

$$\frac{\partial^2 z}{\partial x^2} = \frac{z_{m+1,n} - 2z_{m,n} + z_{m-1,n}}{(\Delta x)^2}$$

(1) 对 x 的区间作等分 (m), 对 t 的区间作等分 (n);

(2) 由 m, n 的值可知 x 和 t 的值, $z_{m,n} = z(x_m, t_n)$;

(3) 偏导数的含义为其他自变量不变, 对其中一个求导.

所以,

$$\frac{z_{m,n+1} - z_{m,n}}{\Delta t} = a\frac{z_{m+1,n} - 2z_{m,n} + z_{m-1,n}}{(\Delta x)^2}$$

$$\Rightarrow z_{m,n+1} = a\frac{z_{m+1,n} - 2z_{m,n} + z_{m-1,n}}{(\Delta x)^2}\Delta t + z_{m,n}$$

$$\left(\text{若给出}\frac{\partial z}{\partial t} = a\frac{\partial^2 z}{\partial x^2}, \text{还需给出初始条件和边界条件}\right)$$

边界条件 $\begin{cases} \text{左边界}: z_{1,n} = 0, \\ \text{右边界}: z_{m+1,n} = 0 \end{cases}$（振幅为 0 时, 不会动）.

初始条件 $z_{m,1} = \dfrac{1}{100}\left(x - \dfrac{L}{2}\right)^2 - \dfrac{L^2}{400}$（等式要满足在两端的值为 0, $z_{m,1}$ 代表时间刚开始）.

$[0, L]$: 分割 $M + 1$ 个点;

$[0, k]$: 分割 $N + 1$ 个点.

思考: 方程、差分方程, 条件能否做出来?

例 3.4

热传导方程: $\dfrac{\partial y}{\partial t} = 2\dfrac{\partial^2 y}{\partial x^2}$

初始条件: $(x,0) = x\sin x$

边界条件: $y(0,t) = y(2\pi,t) = 0, x \in [0, 2\pi], t \in [0, 2]$

求方程的数值解.

解　差分方程为

$$y_{m,n+1} = 2\Delta t\frac{y_{m+1,n} - 2y_{m,n} + y_{m-1,n}}{(\Delta x)^2} + y_{m,n}$$

MATLAB 程序

```
%=======热传导显式解=========
% y=y(x,t)
% 原方程: dy/dt=k*d^2y/dx^2;
% 区间: x=[a,b];t=[c,d];
% 现有如下条件:
% 边界条件: y(0,t)=0;y(2*pi,t)=0;
% 初始条件: y(x,0)=x*sin(x);
% k=2,a=0,b=2*pi,c=0,d=2;
clc;clear all;
a=0;b=2*pi; % x的区间[a,b]
```

```
c=0;d=2;   % t的区间[c,d]
M=20;   % x的分割数
N=200;    % t的分割数
% 如果M太大,则不能画出图像;要使M尽量小(即hx大), N尽量大(即ht小)
hx=(b-a)/M; % x的步长
ht=(d-c)/N;  % t的步长
x=a:hx:b;
t=c:ht:d;
y=zeros(M+1,N+1); % 储存y的值
for i=1:N+1
  y(1,i)=0; % 边界条件y(0,t)=0
  y(M+1,i)=0; % 边界条件y(2*pi,t)=0
end
for j=1:M+1
  y(j,1)=x(j)*sin(x(j)); % 初始条件y(x,0)=x*sin(x)
end
for i=1:N
  for j=2:M
      y(j,i+1)=2*ht*(y(j+1,i)-2*y(j,i)+y(j-1,i))/(hx)^2+y(j,i);
% 原方程的差分方程
  end
end
figure;mesh(t,x,y)  % 绘出满足条件的y(x,t)的图像
```

程序运行结果如图 3.5 所示.

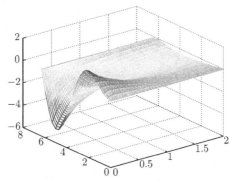

图 3.5 方程的数值解 (曲面)

习　题　3

1. 以 $h = 0.1$ 为步长, 用欧拉法和改进欧拉法 ("预报–校正" 格式), 求下列初值问题的解, 用 MATLAB 编程计算, 并画出解曲线.

$$\begin{cases} \dfrac{\mathrm{d}y}{\mathrm{d}x}\,x\mathrm{e}^{-y} = y, \\ y(0) = 1 \end{cases}$$

第 4 章 线性规划与非线性规划

生活中经常遇到求利润最大、用料最省、效率最高、费用最少、路线最短等问题, 这些问题通常被称为最优化问题. 所谓最优化问题, 就是在满足一定的约束条件下, 寻找一组参数值, 以使某些最优性度量得到满足, 即使系统的某些性能指标达到最大或最小. 简单来说, 就是以 "最好" 的方式, 实现利润最大、用料最省、效率最高、费用最少、路线最短等目标. 数学建模问题中, 很多问题都属于最优化问题. 本章主要介绍解决最优化问题的常用数学方法: 线性规划与非线性规划.

规划问题的数学模型包含三个基本要素:

(1) 决策变量, 指决策者为实现规划目标采取的方案、措施, 是问题中要确定的未知量;

(2) 目标函数, 指问题要达到的目标要求, 表示为决策变量的函数;

(3) 约束条件, 指决策变量取值时受到的各种可用资源的限制, 表示为含决策变量的等式或不等式.

通常, 用 n 维向量 $x = (x_1, x_2, \cdots, x_n)^{\mathrm{T}}$ 表示问题的决策变量, $f(x)$ 表示目标函数, 不等式 (或等式) 组 $g_i(x) \leqslant 0 (i = 1, 2, \cdots, m)$ 表示约束条件, 则最优化问题可以表示为如下数学模型:

$$\min_{x} \quad z = f(x) \tag{4.1}$$

$$\mathrm{s.t.} \quad g_i(x) \leqslant 0, \quad i = 1, 2, \cdots, m \tag{4.2}$$

这里的 s.t. (subject to) 表示 "受约束于". 由 (4.1) 式和 (4.2) 式组成的模型属于约束优化, 只有 (4.1) 式的模型属于无约束优化. 满足约束条件的决策变量称为可行解, 可行解的集合称为可行域. 如果目标函数和约束条件都是决策变量的线性函数, 则称该模型为线性规划 (linear programming, LP) 模型; 如果目标函数或约束条件中至少有一个是决策变量的非线性函数, 则称该模型为非线性规划(nonlinear programming, NP) 模型.

4.1 线 性 规 划

4.1.1 线性规划的一般模型

建立线性规划模型通常有三个基本步骤: ① 确定决策变量, 用代数符号表示

· 48 ·   第 4 章　线性规划与非线性规划

出来; ② 定义目标函数, 写成决策变量的线性函数; ③ 表示约束条件, 写出含决策变量的线性方程 (组) 或线性不等式 (组).

假设线性规划数学模型中, 有 n 个决策变量 $x_j\ (j=1,2,\cdots,n)$, m 个约束条件, 目标函数的变量系数用 c_j 表示, 约束变量的系数用 a_{ij} 表示, 约束条件右端的常数用 $b_i\ (i=1,2,\cdots,m)$ 表示, 则线性规划的数学模型的一般形式为

$$\min \quad z = c_1 x_1 + c_2 x_2 + \cdots + c_n x_n$$

$$\text{s.t.} \begin{cases} a_{11}x_1 + a_{12}x_2 + \cdots + a_{1n}x_n \leqslant b_1, \\ a_{21}x_1 + a_{22}x_2 + \cdots + a_{2n}x_n \leqslant b_2, \\ \qquad\qquad \cdots\cdots \\ a_{m1}x_1 + a_{m2}x_2 + \cdots + a_{mn}x_n \leqslant b_m, \\ x_j \geqslant 0, \quad j = 1,2,\cdots,n \end{cases}$$

为了书写方便, 上式可写为

$$\min \quad z = \sum_{j=1}^{n} c_j x_j$$

$$\text{s.t.} \begin{cases} \sum_{j=1}^{n} a_{ij}x_j \leqslant b_i, & i = 1,2,\cdots,m, \\ x_j \geqslant 0, & j = 1,2,\cdots,n \end{cases}$$

或者写为矩阵形式

$$\min \quad z = cx$$

$$\text{s.t.} \begin{cases} Ax \leqslant b, \\ x \geqslant 0 \end{cases}$$

其中 $x=(x_1,x_2,\cdots,x_n)^{\mathrm{T}}$, $c=(c_1,c_2,\cdots,c_n)$, $A=(a_{ij})_{m\times n}$, $b=(b_1,b_2,\cdots,b_n)^{\mathrm{T}}$. 实际问题中, 一般要求 $x_j \geqslant 0$, 但有时要求 $x_j \leqslant 0$ 或 x_j 无符号限制. 如果实际中求解的是 "最大" 问题, 则可通过 $\min z = cx$ 等价于 $\min z = -cx$ 来转化.

例 4.1　甲、乙、丙三种食物的维生素 A,B 含量及成本如表 4.1 所示.

表 4.1　食物维生素含量及成本

	甲	乙	丙
维生素 A 含量/(单位/千克)	600	700	400
维生素 B 含量/(单位/千克)	800	400	500
成本/(元/千克)	11	9	4

某食物营养研究所想用甲、乙、丙三种食物配成 100 千克的混合食物, 并使混

合食物至少含 56000 单位维生素 A 和 63000 单位维生素 B. 试建立线性规划模型,
使得配方的成本最低.

解 依循下列三个步骤建立模型.

(1) 确定决策变量. 要求的未知量是三种食物的用量, 用 x_1, x_2, x_3 分别表示混合食物中甲、乙、丙三种食物的用量 (单位: 千克).

(2) 定义目标函数. 该问题的目标是使成本最小, 成本为

$$z = 11x_1 + 9x_2 + 4x_3$$

(3) 表示约束条件. 该问题要求混合食物至少含 56000 单位维生素 A 和 63000
单位维生素 B, 则约束条件可表示为

$$\begin{cases} 600x_1 + 700x_2 + 400x_3 \geqslant 56000, \\ 800x_1 + 400x_2 + 500x_3 \geqslant 63000, \\ x_1, x_2, x_3 \geqslant 0 \end{cases}$$

从而, 该问题的线性规划模型为

$$\min \quad z = 11x_1 + 9x_2 + 4x_3$$
$$\text{s.t.} \quad \begin{cases} 600x_1 + 700x_2 + 400x_3 \geqslant 56000, \\ 800x_1 + 400x_2 + 500x_3 \geqslant 63000, \\ x_1, x_2, x_3 \geqslant 0 \end{cases}$$

4.1.2 线性规划模型的 MATLAB 编程求解

实际建模中, 可用以下解法求解线性规划模型: ① 图解法; ② LINGO 软件包
求解; ③ Excel 中的规划求解; ④ MATLAB 软件包求解. 下面主要介绍常用的线
性规划模型的 MATLAB 软件包求解方法.

MATLAB 软件包求解各类线性规划模型的命令如下.

(1) 模型:

$$\min \quad z = cx$$
$$\text{s.t.} \quad Ax \leqslant b$$

命令: x=linprog(c, A, b).

(2) 模型:

$$\min \quad z = cx$$
$$\text{s.t.} \quad \begin{cases} Ax \leqslant b, \\ \text{Aeq} \cdot x = \text{beq} \end{cases}$$

命令: x=linprog(c,A,b,Aeq,beq).

注意: 若没有不等式约束 $Ax \leqslant b$, 则令 $A = [\ ], b = [\ ]$; 若没有等式约束, 则令 Aeq=[ ], beq=[ ].

(3) 模型:

$$\min \quad z = cx$$

$$\text{s.t.} \quad \begin{cases} Ax \leqslant b, \\ \text{Aeq} \cdot x = \text{beq}, \\ \text{vlb} \leqslant x \leqslant \text{vub} \end{cases}$$

命令: (i) x=linprog(c,A,b,Aeq,beq,vlb,vub);

   (ii) x=linprog(c,A,b,Aeq,beq,vlb,vub,x0).

注意: 若没有等式约束, 则令 Aeq=[ ], beq=[ ]; 命令 (ii) 中 x_0 表示初始点.

(4) 返回最优解 x 及 x 处的目标函数值 fval.

命令: [x,fval]=linprog(...)

例 4.2 用 MATLAB 求解线性规划模型:

$$\min \quad z = 0.4x_1 + 0.28x_2 + 0.32x_3 + 0.72x_4 + 0.64x_5 + 0.6x_6$$

$$\text{s.t.} \quad \begin{cases} 0.01x_1 + 0.01x_2 + 0.01x_3 + 0.03x_4 + 0.03x_5 + 0.03x_6 \leqslant 850, \\ 0.02x_1 + 0.05x_4 \leqslant 700, \\ 0.02x_2 + 0.05x_5 \leqslant 100, \\ 0.03x_4 + 0.08x_6 \leqslant 900, \\ x_j \geqslant 0, \quad j = 1, 2, \cdots, 6 \end{cases}$$

解 将模型改写为如下形式:

$$\min \quad z = cx, c = [0.4, 0.28, 0.32, 0.72, 0.64, 0.6], x = [x_1, x_2, \cdots, x_6]^{\mathrm{T}}$$

$$\text{s.t.} \quad \begin{cases} \begin{bmatrix} 0.01 & 0.01 & 0.01 & 0.03 & 0.03 & 0.03 \\ 0.02 & 0 & 0 & 0.05 & 0 & 0 \\ 0 & 0.02 & 0 & 0 & 0.05 & 0 \\ 0 & 0 & 0 & 0.03 & 0 & 0.08 \end{bmatrix} \begin{bmatrix} x_1 \\ x_2 \\ \vdots \\ x_6 \end{bmatrix} \leqslant \begin{bmatrix} 850 \\ 700 \\ 100 \\ 900 \end{bmatrix}, \\ \begin{bmatrix} x_1 \\ x_2 \\ \vdots \\ x_6 \end{bmatrix} \geqslant \begin{bmatrix} 0 \\ 0 \\ \vdots \\ 0 \end{bmatrix} \end{cases}$$

编写 M 文件 xxgh1.m 如下:

```
c=[0.4 0.28 0.32 0.72 0.64 0.6];
A=[0.01 0.01 0.01 0.03 0.03 0.03; 0.02 0 0 0.05 0 0; 0 0.02 0 0
```

```
     0.05 0; 0 0 0 0.03 0 0.08];
  b=[850;700;100;900];
  Aeq=[ ]; beq=[ ];
  vlb=[0;0;0;0;0;0]; vub=[ ];
  [x,fval]=linprog(c,A,b,Aeq,beq,vlb,vub)
```
结果:
```
  x =
    1.0e-010 *
      0.1551
      0.2919
      0.2302
      0.0541
      0.0632
      0.0713
  fval =
    3.3964e-011
```
例 4.1 (续)　用 MATLAB 求解例 4.1 的线性规划模型.

解　将模型改写为如下形式:

$$\min \quad z = [11, 9, 4] \begin{bmatrix} x_1 \\ x_2 \\ x_3 \end{bmatrix}$$

$$\text{s.t.} \begin{cases} \begin{bmatrix} -600 & -700 & -400 \\ -800 & -400 & -500 \end{bmatrix} \begin{bmatrix} x_1 \\ x_2 \\ x_3 \end{bmatrix} \leqslant \begin{bmatrix} -56000 \\ -63000 \end{bmatrix}, \\ \begin{bmatrix} x_1 \\ x_2 \\ x_3 \end{bmatrix} \geqslant \begin{bmatrix} 0 \\ 0 \\ 0 \end{bmatrix} \end{cases}$$

编写 M 文件 xxgh2.m 如下:
```
c=[11 9 4];
A=[-600 -700 -400; -800 -400 -500];
b=[-56000;-63000];
Aeq=[ ]; beq=[ ];
vlb=[0;0;0];
vub=[ ];
```

```
    [x,fval]=linprog(c,A,b,Aeq,beq,vlb,vub)
```
结果:

```
    x =
        0.0000
        0.0000
      140.0000

    fval =
    560.0000
```

例 4.3　某部门现有资金 100 万元, 五年内有以下投资项目可供选择:

项目 A, 从第一年到第四年每年年初投资, 次年年末收回本金且获利 15%;

项目 B, 第三年年初投资, 第五年年末收回本金且获利 25%, 最大投资额为 40 万元;

项目 C, 第二年年初投资, 第五年年末收回本金且获利 40%, 最大投资额为 30 万元;

项目 D, 每年年初投资, 当年年末收回本金且获利 6%.

问如何确定投资策略使第五年年末本利总额达最大?

解　(1) 确定决策变量, 如表 4.2 所示.

表 4.2　各项目投资额度　　　　　　(单位: 万元)

项目	第一年	第二年	第三年	第四年	第五年
A	x_1	x_2	x_3	x_4	
B			x_5		
C		x_6			
D	x_7	x_8	x_9	x_{10}	x_{11}

(2) 定义目标函数. 该问题要求第五年年末本利总额达最大, 如表 4.3 所示.

表 4.3　各项目所要求投资额度　　　　　　(单位: 万元)

项目	第一年	第二年	第三年	第四年	第五年	第五年年末本利
A	x_1	x_2	x_3	x_4		$1.15x_4$
B($\leqslant 40$)			x_5			$1.25x_5$
C($\leqslant 30$)		x_6				$1.4x_6$
D	x_7	x_8	x_9	x_{10}	x_{11}	$1.06x_{11}$

由表 4.3 得四类项目第五年年末的本利总额为

$$z = 1.15x_4 + 1.25x_5 + 1.4x_6 + 1.06x_{11}$$

(3) 表示约束条件. 按照各类项目的投资获利情况可得表 4.4.

表 4.4　各项目投资额度　　　　　　　（单位: 万元）

项目	第一年	第二年	第三年	第四年	第五年
A	x_1	x_2	x_3	x_4	
B($\leqslant 40$)			x_5		
C($\leqslant 30$)		x_6			
D	x_7	x_8	x_9	x_{10}	x_{11}
当年投资额	$x_1 + x_7$	$x_2 + x_6 + x_8$	$x_3 + x_5 + x_9$	$x_4 + x_{10}$	x_{11}
当年可投资额	100	$1.06x_7$	$1.15x_1 + 1.06x_8$	$1.15x_2 + 1.06x_9$	$1.15x_3 + 1.06x_{10}$

得约束条件如下:

第一年: $x_1 + x_7 \leqslant 100$;

第二年: $x_2 + x_6 + x_8 \leqslant 1.06x_7$, 即 $x_2 + x_6 - 1.06x_7 + x_8 \leqslant 0$;

第三年: $x_3 + x_5 + x_9 \leqslant 1.15x_1 + 1.06x_8$, 即 $-1.15x_1 + x_3 + x_5 - 1.06x_8 + x_9 \leqslant 0$;

第四年: $x_4 + x_{10} \leqslant 1.15x_2 + 1.06x_9$, 即 $-1.15x_2 + x_4 - 1.06x_9 + x_{10} \leqslant 0$;

第五年: $x_{11} \leqslant 1.15x_3 + 1.06x_{10}$, 即 $-1.15x_3 - 1.06x_{10} + x_{11} \leqslant 0$,

且 $x_5 \leqslant 40$, $x_6 \leqslant 30$, 则得该问题的线性规划模型:

$$\max \quad z = 1.15x_4 + 1.25x_5 + 1.4x_6 + 1.06x_{11}$$

$$\text{s.t.} \begin{cases} x_1 + x_7 \leqslant 100, \\ x_2 + x_6 - 1.06x_7 + x_8 \leqslant 0, \\ -1.15x_1 + x_3 + x_5 - 1.06x_8 + x_9 \leqslant 0, \\ -1.15x_2 + x_4 - 1.06x_9 + x_{10} \leqslant 0, \\ -1.15x_3 - 1.06x_{10} + x_{11} \leqslant 0, \\ x_5 \leqslant 40, \quad x_6 \leqslant 30, \\ x_j \geqslant 0, \quad j = 1, 2, \cdots, 11 \end{cases}$$

将模型改写为 $\min(-z) = cx$, 其中

$$c = [0, 0, 0, -1.15, -1.25, -1.4, 0, 0, 0, 0, -1.06]$$

$$x = [x_1, x_2, \cdots, x_{11}]^{\mathrm{T}}$$

$$A \cdot x \leqslant b$$

$$A = \begin{bmatrix} 1 & 0 & 0 & 0 & 0 & 0 & 1 & 0 & 0 & 0 & 0 \\ 0 & 1 & 0 & 0 & 0 & 1 & -1.06 & 1 & 0 & 0 & 0 \\ -1.15 & 0 & 1 & 0 & 1 & 0 & 0 & -1.06 & 1 & 0 & 0 \\ 0 & -1.15 & 0 & 1 & 0 & 0 & 0 & 0 & -1.06 & 1 & 0 \\ 0 & 0 & -1.15 & 0 & 0 & 0 & 0 & 0 & 0 & -1.06 & 1 \\ 0 & 0 & 0 & 0 & 1 & 0 & 0 & 0 & 0 & 0 & 0 \\ 0 & 0 & 0 & 0 & 0 & 1 & 0 & 0 & 0 & 0 & 0 \end{bmatrix}$$

$$x = \begin{bmatrix} x_1 \\ x_2 \\ \vdots \\ x_{11} \end{bmatrix}, \quad b = \begin{bmatrix} 100 \\ 0 \\ 0 \\ 0 \\ 0 \\ 40 \\ 30 \end{bmatrix}, \quad \begin{bmatrix} x_1 \\ x_2 \\ \vdots \\ x_{11} \end{bmatrix} \geqslant \begin{bmatrix} 0 \\ 0 \\ \vdots \\ 0 \end{bmatrix}$$

编写 M 文件 xxgh3.m 如下:

```
c=[0 0 0 -1.15 -1.25 -1.4 0 0 0 0 -1.06];
A=[1 0 0 0 0 0 1 0 0 0 0; 0 1 0 0 0 1 -1.06 1 0 0 0;-1.15 0 1 0 1
    0 0 -1.06 1 0 0;0 -1.15 0 1 0 0 0 0 -1.06 1 0; 0 0 -1.15 0 0 0
    0 0 0 -1.06 1; 0 0 0 0 1 0 0 0 0 0 0; 0 0 0 0 0 1 0 0 0 0 0];
b=[100;0;0;0;0;40;30];
Aeq=[ ]; beq=[ ];
vlb=zeros(11,1);
vub=[ ];
[x,fval] =linprog(c,A,b,Aeq,beq,vlb,vub)
```

结果:

```
x =
    62.3653
     9.8928
    16.8112
    27.1801
    40.0000
    30.0000
    37.6347
     0.0000
    14.9089
     0.0000
    19.3329
  fval =
  -143.7500
```

即按如表 4.5 所示投资策略投资, 可以使第五年年末本利总额达最大, 本利总额最大为 143.75 万元.

项目	第一年	第二年	第三年	第四年	第五年
A	62.3653	9.8928	16.8112	27.1801	
B			40		
C		30			
D	37.6347	0	14.9089	0	19.3329

表 4.5　各项目投资策略　　　　　　(单位: 万元)

4.2　非线性规划

4.2.1　非线性规划的一般模型

目标函数或约束条件中至少有一个是非线性函数时的最优化问题叫做非线性规划问题. 一般非线性规划的数学模型可表示为

$$\min \quad f(x)$$

$$\text{s.t.} \quad \begin{cases} g_i(x) \geqslant 0, & i = 1, 2, \cdots, m, \\ h_j(x) = 0, & j = 1, 2, \cdots, l \end{cases}$$

其中 $x = (x_1, x_2, \cdots, x_n)^{\mathrm{T}} \in \mathbf{R}^n$ 是 n 维向量, f, $g_i(i = 1, 2, \cdots, m)$, $h_j(j = 1, 2, \cdots, l)$ 都是 $\mathbf{R}^n \to \mathbf{R}^1$ 的实值函数, 且其中至少有一个是非线性函数. 求目标函数的最大值或约束条件为小于等于零的情况, 都可通过取其相反数化为上述一般形式. 当一个非线性规划问题的自变量 $x = (x_1, x_2, \cdots, x_n)^{\mathrm{T}} \in \mathbf{R}^n$ 没有任何约束时, 则称这样的非线性规划问题为无约束问题, 可表示为

$$\min f(x) \quad \text{或} \quad \min_{x \in \mathbf{R}^n} = f(x)$$

例 4.4　某学生在学校食堂用餐, 拟购 3 种食品, 馒头 1 元/个, 荤菜 3 元/份, 素菜 1.5 元/份. 该学生的一顿饭支出不能够超过 10 元. 问如何花费能达到最满意?

解　设该学生买入馒头、荤菜、素菜的数量分别为 x_1, x_2, x_3, 个人的满意度函数即效用函数为 $f(x_1, x_2, x_3) = A x_1 x_2 x_3$. 于是建立数学模型为

$$\max \quad f(x_1, x_2, x_3) = A x_1 x_2 x_3$$

$$\text{s.t.} \quad \begin{cases} x_1 + 3x_2 + 1.5x_3 \leqslant 10, \\ x_j \geqslant 0, \quad j = 1, 2, 3 \end{cases}$$

且 x_1, x_2, x_3 应取整数. 模型中的目标函数是决策变量的非线性函数, 从而此模型为非线性规划模型.

例 4.5   某公司生产贮藏用的容器, 订货合同要求该公司制造一种容积为 12 立方米的长方体敞口容器, 该容器的底为正方形, 容器总重量不超过 68 千克. 已知用作容器四壁的材料为每平方米 10 元, 重 3 千克; 用作容器底的材料每平方米 20 元, 重 2 千克. 试问制造该容器所需的最小费用是多少?

解   设该容器的底边长和高分别为 x_1, x_2, 建立数学模型为

$$\min \quad f(x_1, x_2) = 40x_1x_2 + 20x_1^2$$

$$\text{s.t.} \quad \begin{cases} x_1^2 x_2 = 12, \\ 12x_1x_2 + 2x_1^2 \leqslant 68, \\ x_1, x_2 \geqslant 0 \end{cases}$$

模型中的目标函数和约束条件都是决策变量的非线性函数, 此模型为非线性规划模型.

例 4.6   某公司准备将 5000 万元资金用于 A, B 两个项目的投资, 预计项目 A, B 的收益率分别为 20% 和 15%. 设 x_1, x_2 分别表示项目 A, B 的投资额, 已知总的风险损失为 $2x_1^2 + x_2^2 + (x_1 + x_2)^2$. 问应如何分配资金, 才能使期望的收益最大.

解   根据题意, 可以建立数学模型:

$$\max \quad z = 1.2x_1 + 1.15x_2 - 2x_1^2 - x_2^2 - (x_1 + x_2)^2$$

$$\text{s.t.} \quad \begin{cases} x_1 + x_2 \leqslant 5000, \\ x_1, x_2 \geqslant 0 \end{cases}$$

模型中的目标函数是决策变量的非线性函数, 此模型为非线性规划模型.

4.2.2   非线性规划模型的 MATLAB 编程求解

MATLAB 中非线性规划的数学模型写成以下形式:

$$\min \quad f(x)$$

$$\text{s.t.} \quad \begin{cases} A \cdot x \leqslant b, \\ \text{Aeq} \cdot x = \text{beq}, \\ G(x) \leqslant 0, \\ \text{Ceq}(x) = 0, \\ \text{vlb} \leqslant x \leqslant \text{vub} \end{cases}$$

其中 x 为 n 维向量, $f(x)$ 是标量函数, $A, b, \text{Aeq}, \text{beq}$ 是相应维数的矩阵和向量, $G(x), \text{Ceq}(x)$ 都是非线性函数组成的向量. 用 MATLAB 求解上述问题, 可依循以下三个步骤.

(1) 建立 M 文件 fun.m 定义目标函数 $f(x)$:

```
function f=fun(x);
f=f(x);
```

(2) 若有非线性约束, 则建立 M 文件 nonlcon.m 定义约束条件 $G(x), \mathrm{Ceq}(x)$:

```
function [G,Ceq]=nonlcon(x);
G=...;
Ceq=...;
```

(3) 建立主程序, 求解非线性规划问题.

非线性规划问题的求解函数是 fmincon, 命令的调用格式如下:

(i) x=fmincon('fun',x0,A,b)

(ii) x=fmincon('fun',x0,A,b,Aeq,beq)

(iii) x=fmincon('fun',x0,A,b,Aeq,beq,vlb,vub)

(iv) x=fmincon('fun',x0,A,b,Aeq,beq,vlb,vub, 'nonlcon')

(v) x=fmincon('fun',x0,A,b,Aeq,beq,vlb,vub, 'nonlcon',options)

(vi) x=fmincon('fun',x0,A,b,Aeq,beq,vlb,vub,'nonlcon',options,P1,
    P2,...)

(vii) [x,fval]=fmincon(...)

(viii) [x,fval,exitflag]=fmincon(...)

(ix)[x,fval,exitflag,output]=fmincon(...)

其中 x 表示输出极值点, x_0 是迭代的初值, vlb, vub 分别是线性不等式约束的下、上界向量, A 和 Aeq 为线性不等式约束和等式约束的系数矩阵, fun 为目标函数, nonlcon 为非线性约束函数, options 是参数说明.

对应上述调用格式的解释如下:

(i) 给定初值 x_0, 求解 fun 函数的最小值 x. fun 函数的约束条件为 $Ax \leqslant b, x_0$ 可以是标量或向量.

(ii) 最小化 fun 函数, 约束条件为 $Ax \leqslant b$ 和 $\mathrm{Aeq} \cdot x = \mathrm{beq}$. 若没有不等式线性约束存在, 则设置 $A=[\,], b=[\,]$.

(iii) 定义变量 x 的线性不等式约束下界 vlb 和上界 vub, 使得总有 vlb $\leqslant x \leqslant$ vub. 若无等式线性约束存在, 则令 Aeq$=[\,]$, beq$=[\,]$.

(iv) 在上面的基础上, 在 nonlcon 参数中提供非线性不等式 $G(x)$ 或等式 $\mathrm{Ceq}(x)$. fmincon 函数要求 $G(x) \leqslant 0$ 且 $\mathrm{Ceq}(x) = 0$.

(v) 用 options 指定的参数进行最小化.

(vi) 将问题参数 P_1, P_2 等直接传递给函数 fun 和 nonlcon. 若不需要这些变量, 则传递空矩阵到 $A, b, \mathrm{Aeq}, \mathrm{beq}, \mathrm{vlb}, \mathrm{vub}, \mathrm{nonlcon}$ 和 options.

(vii) 返回解 x 处的目标函数值到参数 fval.

(viii) 返回参数 exitflag, 描述函数计算的有效性.

(ix) 返回包含优化信息的输出参数 output.

例 4.7　用 MATLAB 求解非线性问题:

$$\min \quad f = 10(x_2 - x_1^2)^2 + (1 - x_1)^2$$

$$\text{s.t.} \quad \begin{cases} x_1 \leqslant 2, \\ x_2 \leqslant 2 \end{cases}$$

解　(1) 建立 M 文件 fun1.m 定义目标函数 $f(\boldsymbol{x})$:

```
function f=fun1(x);
f=10*(x(2)-x(1)^2)^2+(1-x(1))^2;
```

(2) 建立主程序:

```
x0=[1.1;1.1];
A=[1 0;0 1];
b=[2;2];
[x,fval]=fmincon('fun1',x0,A,b)
```

输出结果:

```
x =
    1.0000    1.0000
fval =
  5.9497e-008
```

例 4.8　用 MATLAB 求解非线性问题:

$$\min \quad f = x_1^2 + x_2^2 + 8$$

$$\text{s.t.} \quad \begin{cases} x_1^2 - x_2 \geqslant 0, \\ -x_1 - x_2^2 + 2 = 0, \\ x_1, x_2 \geqslant 0 \end{cases}$$

解　(1) 建立 M 文件 fun2.m 定义目标函数 $f(\boldsymbol{x})$:

```
function f=fun2(x);
f=x(1)^2+ x(2)^2+8;
```

(2) 建立 M 文件 nonlcon2.m 定义约束条件 $G(x), \mathrm{Ceq}(x)$:

```
function [G, Ceq]=nonlcon2(x);
G=-x(1)^2+ x(2);
Ceq=-x(1)-x(2)^2+2;
```

(3) 建立主程序:

```
x0=rand(2,1);
A=[ ]; b=[ ]; Aeq=[ ]; beq=[ ];
vlb=[0;0]; vub=[ ];
[x,fval]=fmincon('fun2',x0,A,b,Aeq,beq,vlb,vub,'nonlcon2')
```
输出结果:
```
x =
    1.0000
    1.0000
fval =
    10.0000
```

例 4.9 用 MATLAB 求解非线性问题:

$$\min \quad f = \mathrm{e}^{x_1}(6x_1^2 + 3x_2^2 + 2x_1x_2 + 4x_2 + 1)$$

$$\text{s.t.} \quad \begin{cases} x_1x_2 - x_1 - x_2 + 1 \leqslant 0, \\ -2x_1x_2 - 5 \leqslant 0 \end{cases}$$

解 (1) 建立 M 文件 fun3.m 定义目标函数 $f(x)$:
```
function f=fun3(x);
f=exp(x(1))*(6*x(1)^2+3*x(2)^2+2*x(1)*x(2)+4*x(2)+1);
```
(2) 建立 M 文件 nonlcon3.m 定义约束条件 $\boldsymbol{G}(\boldsymbol{x}), \mathbf{Ceq}(\boldsymbol{x})$:
```
function [G,Ceq]=nonlcon3(x);
G=[x(1)*x(2)-x(1)-x(2)+1;-2*x(1)*x(2)-5];
Ceq=[ ];
```
(3) 建立主程序:
```
x0=[1;1];
A=[ ]; b=[ ]; Aeq=[ ]; beq=[ ];
vlb=[ ]; vub=[ ];
[x,fval]=fmincon('fun3',x0,A,b,Aeq,beq,vlb,vub,'nonlcon3')
```
输出结果:
```
x =
   -2.5000
    1.0000
fval =
    3.3244
```

例 4.10 用 MATLAB 求解非线性问题:

$$\min \quad f = x_1^2 - 2x_1x_2 + 2x_2^2 - 4x_1 - 12x_2$$

$$\text{s.t.} \begin{cases} x_1 + x_2 = 2, \\ x_1 - 2x_2 \geqslant -2, \\ 2x_1 + x_2 \leqslant 3, \\ x_1, x_2 \geqslant 0 \end{cases}$$

解 (1) 建立 M 文件 fun4.m 定义目标函数 $f(x)$:

```
function f=fun4 (x);
f=x(1)^2-2*x(1)*x(2)+2*x(2)^2-4*x(1)-12*x(2);
```

(2) 建立主程序:

```
x0=rand(2,1);
A=[-1 2;2 1]; b=[2;3]; Aeq=[1 1]; beq=2;
vlb=[0;0]; vub=[ ];
[x,fval]=fmincon('fun4',x0,A,b,Aeq,beq,vlb,vub)
```

输出结果:

```
x =
    0.6667
    1.3333
fval =
  -16.4444
```

例 4.11 某公司有 6 个建筑工地要开工, 每个工地的位置 (用平面坐标系 a, b 表示, 距离单位: km) 及水泥日用量 d (单位: t) 由表 4.6 给出. 目前有两个临时料场位于 $A(5, 1)$, $B(2, 7)$, 日储量各有 20t. 假设从料场到工地之间均有直线道路相连.

(1) 试制订每天的供应计划, 即从 A, B 两个料场分别向各工地运送多少水泥, 可使总的吨千米数最小.

(2) 为了进一步减少吨千米数, 打算舍弃两个临时料场, 改建两个新的, 日储量各为 20t, 问应建在何处, 节省的吨千米数有多大?

表 4.6 工地位置 (a, b) 及水泥日用量 d

	1	2	3	4	5	6
a	1.25	8.75	0.5	5.75	3	7.25
b	1.25	0.75	4.75	5	6.5	7.75
d/t	3	5	4	7	6	11

解 (1) 建立模型.

记工地的位置为 (a_i, b_i), 水泥日用量为 $d_i, i = 1, 2, \cdots, 6$; 料场位置为 (x_j, y_j), 日储量为 $e_j, j = 1, 2$; 料场 j 向工地 i 的运送量为 X_{ij}.

目标函数为

$$\min \quad f = \sum_{j=1}^{2} \sum_{i=1}^{6} X_{ij} \sqrt{(x_j - a_i) + (y_j - b_i)^2}$$

约束条件为

$$\sum_{j=1}^{2} X_{ij} = d_i, \quad i = 1, 2, \cdots, 6; \quad \sum_{i=1}^{6} X_{ij} \leqslant e_j, \quad j = 1, 2$$

当用临时料场时决策变量为 X_{ij}; 当不用临时料场时决策变量为 X_{ij}, x_j, y_j.

(2) 使用临时料场的情形.

使用两个临时料场 $A(5, 1)$, $B(2, 7)$. 求从料场 j 向工地 i 的运送量 X_{ij}. 在各工地用量必须满足和各料场运送量不超过日储量的条件下, 使总的吨千米数最小, 这是线性规划问题. 线性规划模型为

$$\min \quad f = \sum_{j=1}^{2} \sum_{i=1}^{6} \mathrm{aa}(i,j) X_{ij}$$

$$\text{s.t.} \begin{cases} \sum_{j=1}^{2} X_{ij} = d_i, \quad i = 1, 2, \cdots, 6, \\ \sum_{i=1}^{6} X_{ij} \leqslant e_j, \quad j = 1, 2 \end{cases}$$

其中, $\mathrm{aa}(i,j) = \sqrt{(x_j - a_i)^2 + (y_j - b_i)^2}\,(i = 1, 2, \cdots, 6; j = 1, 2)$ 为常数.

设 $X_{11} = X_1, X_{21} = X_2, X_{31} = X_3, X_{41} = X_4, X_{51} = X_5, X_{61} = X_6, X_{12} = X_7, X_{22} = X_8, X_{32} = X_9, X_{42} = X_{10}, X_{52} = X_{11}, X_{62} = X_{12}$.

编写主程序 gying1.m:

```
clear
a=[1.25 8.75 0.5 5.75 3 7.25];
b=[1.25 0.75 4.75 5 6.5 7.75];
d=[3 5 4 7 6 11];
x=[5 2];
y=[1 7];
```

```
e=[20 20];

for  i=1:6
  for j=1:2
    aa(i,j)=sqrt((x(j)-a(i))^2+(y(j)-b(i))^2);
  end
end

CC=[aa(:,1); aa(:,2)]';
A=[1 1 1 1 1 1 0 0 0 0 0 0
   0 0 0 0 0 0 1 1 1 1 1 1];
B=[20;20];
Aeq=[1 0 0 0 0 0 1 0 0 0 0 0
     0 1 0 0 0 0 0 1 0 0 0 0
     0 0 1 0 0 0 0 0 1 0 0 0
     0 0 0 1 0 0 0 0 0 1 0 0
     0 0 0 0 1 0 0 0 0 0 1 0
     0 0 0 0 0 1 0 0 0 0 0 1];
beq=[d(1);d(2);d(3);d(4);d(5);d(6)];
vlb=[0 0 0 0 0 0 0 0 0 0 0 0];vub=[ ];
x0=[1 2 3 0 1 0 0 1 0 1 0 1];
[xx,fval]=linprog(CC,A,B,Aeq,beq, vlb,vub,x0)
```

输出结果:
```
x =[ 3.0000  5.0000   0.0000  7.0000   0.0000  1.0000  0.0000
     0.0000  4.0000   0.0000  6.0000 10.0000]'
fval = 136.2275
```

即由料场 A, B 向 6 个工地运料方案如表 4.7 所示.

总的吨千米数为 136.2275.

表 4.7　各料场水泥日用量　　　　　　　　　　　　(单位: t)

	1	2	3	4	5	6
料场 A	3	5	0	7	0	1
料场 B	0	0	4	0	6	10

(3) 改建两个新料场的情形.

改建两个新料场, 要同时确定料场的位置 (x_j, y_j) 和运送量 X_{ij}, 在同样条件下

使总的吨千米数最小. 这是非线性规划问题. 非线性规划模型为

$$\min \quad f = \sum_{j=1}^{2} \sum_{i=1}^{6} X_{ij} \sqrt{(x_j - a_i)^2 + (y_j - b_i)^2}$$

$$\text{s.t.} \begin{cases} \sum_{j=1}^{2} X_{ij} = d_i, i = 1, 2, \cdots, 6, \\ \sum_{i=1}^{6} X_{ij} \leqslant e_j, \quad j = 1, 2 \end{cases}$$

设 $X_{11} = X_1, X_{21} = X_2, X_{31} = X_3, X_{41} = X_4, X_{51} = X_5, X_{61} = X_6, X_{12} = X_7, X_{22} = X_8, X_{32} = X_9, X_{42} = X_{10}, X_{52} = X_{11}, X_{62} = X_{12}, x_1 = X_{13}, y_1 = X_{14}, x_2 = X_{15}, y_2 = X_{16}.$

(i) 先编写 M 文件 liaoch.m 定义目标函数.

```
function f=liaoch(x)
a=[1.25 8.75 0.5 5.75 3 7.25];
b=[1.25 0.75 4.75 5 6.5 7.75];
d=[3 5 4 7 6 11];
e=[20 20];
f1=0;
for  i=1:6
   s(i)=sqrt((x(13)-a(i))^2+(x(14)-b(i))^2);
   f1=s(i)*x(i)+f1;
end
f2=0;
for  i=7:12
   s(i)=sqrt((x(15)-a(i-6))^2+(x(16)-b(i-6))^2);
   f2=s(i)*x(i)+f2;
end
f=f1+f2;
```

(ii) 取初值为线性规划的计算结果及临时料场的坐标: $x_0 = [3, 5, 0, 7, 0, 1, 0, 0, 4, 0, 6, 10, 5, 1, 2, 7]^{\mathrm{T}}$.

编写主程序 gying2.m:

```
clear
x0=[3 5 0 7 0 1 0 0 4 0 6 10 5 1 2 7]';
A=[1 1 1 1 1 1 0 0 0 0 0 0 0 0 0 0
```

```
  0 0 0 0 0 0 1 1 1 1 1 1 0 0 0 0];
B=[20;20];
Aeq=[1 0 0 0 0 0 1 0 0 0 0 0 0 0 0
    0 1 0 0 0 0 0 1 0 0 0 0 0 0 0 0
    0 0 1 0 0 0 0 0 1 0 0 0 0 0 0 0
    0 0 0 1 0 0 0 0 0 1 0 0 0 0 0 0
    0 0 0 0 1 0 0 0 0 0 1 0 0 0 0 0
    0 0 0 0 0 1 0 0 0 0 0 1 0 0 0 0];
beq=[3 5 4 7 6 11]';
vlb=[zeros(12,1);-inf;-inf;-inf;-inf];
vub=[ ];
[x,fval,exitflag]=fmincon('liaoch',x0,A,B,Aeq,beq,vlb,vub)
```

(iii) 输出结果为

```
x=[3, 5, 4, 7, 1, 0, 0, 0, 0, 0, 5, 11, 5.6959, 4.9285, 7.25, 7.75]
fval = 89.8835
exitflag = 5
```

即两个新料场的坐标分别为 $(5.6959, 4.9285)$, $(7.25, 7.75)$, 由料场 A, B 向 6 个工地运料方案如表 4.8 所示. 总的吨千米数为 89.8835. 比用临时料场节省的吨千米数为 46.344.

表 4.8　各料场向工地运送水泥日用量　　　　　　　　　　　　（单位：t）

	1	2	3	4	5	6
料场 A	3	5	4	7	1	0
料场 B	0	0	0	0	5	11

习　题　4

1. 用 MATLAB 求解线性规划模型:

(1) $\min \quad z = x_1 + 2x_2 + 3x_3$

$$\text{s.t.} \begin{cases} -2x_1 + x_2 + x_3 \leqslant 9, \\ -3x_1 + x_2 + 2x_3 \geqslant 4, \\ 3x_1 - 2x_2 - 3x_3 = -6, \\ x_1 \leqslant 0, x_2 \geqslant 0; \end{cases}$$

(2) $\max \quad z = 3x_1 + 4x_2$

$$\text{s.t.} \begin{cases} x_1 + x_2 \leqslant 6, \\ x_1 + 2x_2 \leqslant 8, \\ 2x_2 \leqslant 6, \\ x_1, x_2 \geqslant 0; \end{cases}$$

(3) $\min \quad z = 6x_1 + 3x_2 + 4x_3$

$$\text{s.t.} \begin{cases} x_1 + x_2 + x_3 = 120, \\ x_1 \geqslant 30, \\ 0 \leqslant x_2 \leqslant 50, \\ x_3 \geqslant 20; \end{cases}$$

(4) $\min \quad z = 4x_1 + 5x_2 + x_3$

$$\text{s.t.} \begin{cases} 3x_1 + 2x_2 + x_3 \geqslant 18, \\ 2x_1 + x_2 \leqslant 4, \\ x_1 + x_2 - 3x_3 = 5, \\ x_1, x_2, x_3 \geqslant 0. \end{cases}$$

2. 某厂生产甲、乙两种口味的饮料, 每百箱甲饮料需用原料 6 千克, 工人 10 名, 可获利 10 万元; 每百箱乙饮料需用原料 5 千克, 工人 20 名, 可获利 9 万元. 今工厂共有原料 60 千克, 工人 150 名, 又由于其他条件所限甲饮料产量不超过 800 箱. 问如何安排生产计划, 即两种饮料各生产多少才能使获利最大.

3. 某机器厂生产甲、乙两种产品. 这两种产品都要分别在 A, B, C 三种不同设备上加工. 按工艺材料规定, 生产每件产品甲需占用各设备分别为 2 小时、4 小时、0 小时, 生产每件产品乙需占用各设备分别为 2 小时、0 小时、5 小时. 已知各设备计划期内用于生产这两种产品的能力分别为 12 小时、16 小时、15 小时, 又知每生产一件甲产品企业能获得 2 元利润, 每生产一件乙产品企业能获得 3 元利润, 问该企业应安排生产两种产品各多少件, 使总的利润收入为最大?

4. 某公司有一批资金用于 4 个工程项目的投资, 其投资各项目时所得的净收益率如表 4.9 所示.

表 4.9　工程项目净收益率表

工程项目	A	B	C	D
净收益率/%	15	10	8	12

由于某种原因, 决定用于项目 A 的投资不大于其他各项投资之和, 而用于项目 B 和 C 的投资要大于项目 D 的投资. 试确定该公司收益最大的投资分配方案.

5. 某车间有甲、乙两台车床, 可用于加工三种工件. 假定这两台车床的可用台时数分别为 800 和 900, 三种工件的数量分别为 400, 600 和 500, 且已知用三种不同车床加工单位数量不同工件所需的台时数和加工费用如表 4.10. 问怎样分配车床的加工任务, 才能既满足加工工件的要求, 又使加工费用最低?

表 4.10　不同车床加工所需台时数和加工费

车床类型	单位工件所需加工台时数			单位工件的加工费用			可用台时数
	工件 1	工件 2	工件 3	工件 1	工件 2	工件 3	
甲	0.4	1.1	1.0	13	9	10	800
乙	0.5	1.2	1.3	11	12	8	900

6. 用 MATLAB 求解非线性规划模型:

(1)　min　$f = x_1^2 - 2x_1x_2 + 2x_2^2 - 2x_1 - 6x_2$

　　　s.t.　$\begin{cases} x_1 + x_2 \leqslant 2, \\ -x_1 + 2x_2 \leqslant 2, \\ x_1, x_2 \geqslant 0; \end{cases}$

(2)　min　$f = 2x_1 - x_2$

　　　s.t.　$\begin{cases} 25 - x_1^2 - x_2^2 \geqslant 0, \\ 7 - x_1^2 + x_2^2 \geqslant 0, \\ 0 \leqslant x_1 \leqslant 5, \ 0 \leqslant x_2 \leqslant 10; \end{cases}$

(3)　min　$f = \mathrm{e}^{x_1}(4x_1^2 + 2x_2^2 + 4x_1x_2 + 2x_2 + 1)$

　　　s.t.　$\begin{cases} x_1 + x_2 = 2, \\ x_1x_2 - x_1 - x_2 + 1.5 \leqslant 0, \\ x_1x_2 + 10 \geqslant 0; \end{cases}$

(4)　min　$f = 3x_1^2 + 4x_2^2 - 2x_1x_2 + x_1 - 3x_2$

　　　s.t.　$\begin{cases} 2x_1 + x_2 \leqslant 2, \\ -x_1 + 4x_2 \leqslant 3. \end{cases}$

7. 某厂向用户提供发动机, 合同规定, 第一、二、三季度末分别交货 40 台、60 台、80 台. 每季度的生产费用为 $f(x) = ax + bx^2$(单位: 元), 其中 x 是该季度生产的台数. 若交货后有剩余, 可用于下季度交货, 但需支付存储费, 每台每季度 c 元. 已知工厂每季度的最大生产能力为 100 台, 第一季度开始时无存货, 设 $a = 50, b = 0.2, c = 4$, 问: 工厂应如何安排生产计划, 才能既满足合同又使总费用最低? 讨论 a, b, c 变化对计划的影响, 并作出合理的解释.

8. 某化工厂拟生产两种新产品 A 和 B, 其生产设备费用分别为 2 万元/吨和 5 万元/吨. 这两种产品均将造成环境污染, 设由环境污染所造成的损失可折算: A 为 4 万元/吨, B 为 1 万元/吨. 由于条件限制, 工厂生产产品 A 和 B 的最大生产能力分别为每月 5 吨和 6 吨, 而市场需要这两种产品的总量每月不少于 7 吨. 试问工厂如何安排生产计划, 在满足市场需要的前提下, 使设备投资和环境污染损失均达最小?

第 5 章　LINGO 软件及离散问题求解

离散模型的求解, 大多数情况下涉及整数规划, 用 MATLAB 软件求解较为复杂, 甚至不能求解; 应用 LINGO 软件求解时程序设计简单、运算速度快, 并且可以分析结果, 如灵敏度分析等. 本章主要介绍 LINGO 软件及其一些典型算例.

5.1　LINGO 软件简介

5.1.1　LINGO 软件发展及功能简介

LINGO 是 Linear Interactive and General Optimizer 的缩写, 即 "交互式的线性和通用优化求解器", 由美国 LINDO 系统公司 (Lindo System Inc.) 于 1996 年实现商品化推出的. LINGO 语言功能十分强大, 是求解优化模型的最佳选择, 可以方便和有效地构建和求解线性、非线性和整数最优化模型, 包括功能强大的建模语言, 建立和编辑问题的全功能环境. LINGO 语言具有与 Excel 工作表、DAT 文件及数据库交换数据的功能, 即可以直接从数据库或工作表获取数据信息, 也可以将求解结果直接输出到数据库或工作表.

LINGO 软件最突出的特点是拥有一套快速的、内建的强大求解器, 可以用来求解线性的、非线性的 (包括球面的、非球面的、二次的、二次约束的) 和整数优化问题, 并且 LINGO 软件会读取所求解的方程式, 自动选择合适的求解器.

LINGO 软件近几年的发展较为迅速, 在许多方面有较大改进, 如计算求解模式从单线程变为并行的多线程支持模式, 整数规划、线性规划与非线性规划求解器的改进, 预处理能力的改进等方面极大地提高了计算速度, 从而也提升了计算能力. 软件设计者考虑到适用性、便捷性和兼容性, 做了其他方面的改进, 包括全局解法、制图、矩阵显示器、编程接口函数、文件支持、分支和定界、多重启动等功能方面的较大改进.

LINGO 软件作为数学建模的工具软件是必不可少的, 特别对于初学者而言, 其编程语言简洁, 易于学习, 快速应用, 尤其是在整数规划、线性规划和非线性规划的问题求解方面具有极大的优势. 详细内容参见百度百科 "LINGO 软件" 相关词条.

5.1.2　LINGO 软件窗口

LINGO 10 在 Windows 7 下的主窗口如图 5.1 所示, 如果要求解线性规划问题:

$$\min \quad 2x_1 - 5x_2$$
$$\text{s.t.} \quad \begin{cases} x_1 + x_2 \geqslant 100, \\ x_1 \geqslant 100, \\ 2x_1 + x_2 \leqslant 400 \end{cases}$$

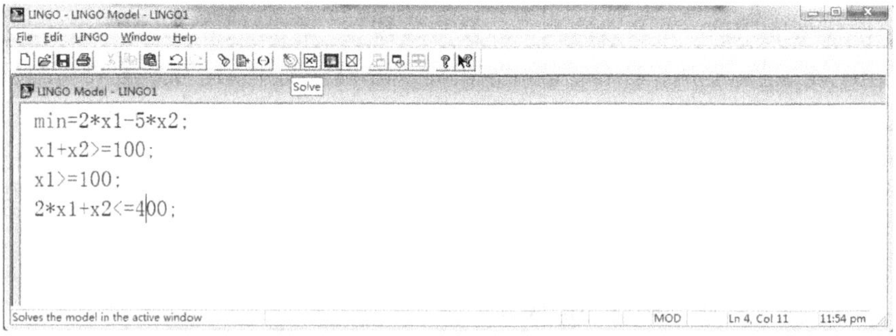

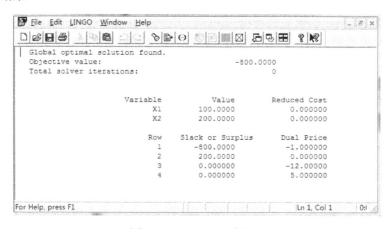

图 5.1   LINGO 软件示意图

直接在 LINGO Model-LINGO1 窗口里编写, 然后单击 Solve 求解, 可以得到图 5.2 所示的结果.

图 5.2   LINGO 计算结果

结果中, 目标值 (Objective value), 即最小值为 -800, 当变量 (Variable) $x_1 = 100$, $x_2 = 200$ 时取得最小值.

5.1.3   LINGO 程序设计

与其他软件相比 LINGO 软件的程序设计较为简单, 以下以最小运费问题为例加以详解.

例 5.1　6 个产地到 8 个销地的运价如表 5.1 所示, 问如何调配物资才能使得运费最小?

表 5.1　各产地到各销地的运价表

	销地 1	销地 2	销地 3	销地 4	销地 5	销地 6	销地 7	销地 8	产量
产地 1	3	7	8	5	9	4	3	2	45
产地 2	4	9	6	6	3	7	4	8	40
产地 3	4	2	8	9	5	6	7	3	48
产地 4	9	9	4	2	3	5	8	4	50
产地 5	2	5	7	4	3	8	7	9	34
产地 6	7	9	9	7	7	4	8	7	42
销量	28	30	26	28	33	42	25	36	

表 5.1 中数据为相应的产地到销地的运价表 (为了方便叙述省略单位), 最后一列为产量限制, 最后一行为销量限制.

解　设产地 i 到销地 j 的运价为 c_{ij}, 运量为 x_{ij}, Q_i 为 i $(i = 1, \cdots, 6)$ 产地的产量限制, T_j 为 j $(j = 1, \cdots, 8)$ 销地的销量限制, 则费用为 $c_{ij} \cdot x_{ij}$, 总费用为 $\sum\limits_{j=1}^{8}\sum\limits_{i=1}^{6} c_{ij} \cdot x_{ij}$, 建立数学模型如下:

$$\min \quad \sum_{j=1}^{8}\sum_{i=1}^{6} c_{ij} \cdot x_{ij}$$

$$\text{s.t.} \begin{cases} \sum\limits_{i=1}^{6} x_{ij} \leqslant T_j \ (j = 1, \cdots, 8), \\ \sum\limits_{j=1}^{8} x_{ij} \leqslant Q_i \ (i = 1, \cdots, 6), \\ x_{ij} \geqslant 0 \ (i = 1, \cdots, 6; \ j = 1, \cdots, 8) \end{cases}$$

模型求解 (LINGO 程序):

```
model: !6个产地到8个销地的运输问题;
sets: !定义变量, 即数组;
  CD/1..6/: Q; !定义Qi,CD为该指标集合名;
  XD/1..8/:T;  !定义Tj, XD为该指标集合名;
  Lk(CD,XD): c, x;
      !定义cij,xij,Lk为二重指标集合名,i,j分别在CD与XD中取值;
endsets
  min=@sum(Lk(i,j): c(i,j)*x(i,j)); !目标函数;
  @for(XD(j): @sum(CD(i): x(i,j))=T(j)); !需求约束j=1,…,8;
```

@for(CD(i): @sum(XD(j): x(i,j))<=Q(i)); !产量约束i=1,…,6;
!数据的赋值, 也可以从外部数据表格读入数据;
data:
　Q=45 40 48 50 34 42;　　　　!产量限制;
　T=28 30 26 28 33 42 25 36; !销量限制;
　c=3 7 8 5 9 4 3 2
　　 4 9 6 6 3 7 4 8
　　 4 2 8 9 5 6 7 3
　　 9 9 4 2 3 5 8 4
　　 2 5 7 4 3 8 7 9
　　 7 9 9 7 7 4 8 7;
enddata
end

LINGO 软件程序有固定模式:

(1) 开始于 model, 结束于 end;

(2) 变量 (数组) 定义模块 sets 与 endsets;

(3) 目标与约束条件;

(4) 数据辅助模块, 始于 data, 终于 enddata.

当 $x(1,7)=16$, $x(1,8)=29$, $x(2,3)=4$, $x(2,5)=27$, $x(2,7)=9$, $x(3,2)=30$, $x(3,8)=7$, $x(4,3)=22$, $x(4,4)=28$, $x(5,5)=6$, $x(6,6)=42$, 其余值为零时, 最小值 (目标值) 为 714.

5.1.4　LINGO 的计算结果解释及灵敏性分析

例 5.2　某家具公司的生产资料如表 5.2 所示.

表 5.2　某家具公司的生产资料

资源	书桌/张	餐桌/张	椅子/把	现有资源数量
木料	8	6	1	40
漆工	4	2	1.5	20
木工	2	1.5	0.5	8
成品价格/美元	60	30	20	

如果桌子的产量不超过 5 张, 书桌、餐桌和椅子各生产多少才能使公司利润最大?

解　设书桌、餐桌和椅子的生产数量分别为 x, y, z, 利润为 $60x+30y+20z$, 建立模型如下:

$$\max \quad 60x + 30y + 20z$$
$$\text{s.t.} \begin{cases} 8x + 6y + z \leqslant 40, \\ 4x + 2y + 1.5z \leqslant 20, \\ 2x + 1.5y + 0.5z \leqslant 8, \\ x \leqslant 4 \end{cases}$$

模型对应的程序:

```
max=60*x+30*y+20*z;
    8*x+6*y+z<=40;
    4*x+2*y+1.5*z<=20;
    2*x+1.5*y+0.5*z<=8;
    y<=4;
```

求解结果:

```
Global optimal solution found.
    Objective value:                    280.0000
    Total solver iterations:                2
              Variable        Value       Reduced Cost
                     X     2.000000          0.000000
                     Y     0.000000          5.00000
                     Z     8.000000          0.000000

              Row   Slack or Surplus      Dual Price
                1       280.0000          1.000000
                2       16.00000          0.000000
                3       0.000000         10.00000
                4       0.000000         10.00000
                5       4.000000          0.000000
```

"Total solver iterations: 2" 表示经过 2 次迭代后, 得到全局最优解. "Objective value: 280.0000" 表示目标值 (最优) 为 280. "Value" 给出最优解中各变量的值: 生产 2 张书桌, 0 张餐桌, 8 把椅子. 得出 X, Z 是基变量 (Reduced Cost 为 0), Y 是非基变量 (Reduced Cost 为 5.0000). "Slack or Surplus" 给出松弛变量的值.

第 1 行松弛变量为 280 (模型第一行表示目标函数, 所以第二行对应第一个约束).

第 2 行松弛变量为 16, 表示制作 2 张书桌, 0 张餐桌和 8 把椅子, 用了资源为 $8 \times 2 + 6 \times 0 + 1 \times 8 = 24$, 因此松弛变量为 40(约束右端项)−24(所用资源)=16.

　　第 3 行松弛变量为 0, 表示制作 2 张书桌, 0 张餐桌和 8 把椅子, 用了资源为 $4 \times 2 + 2 \times 0 + 1.5 \times 8 = 20$, 因此松弛变量为 20(约束右端项)$-$20(所有资源)=0.

　　第 4 行松弛变量为 0, 表示制作 2 张书桌, 0 张餐桌和 8 把椅子, 用了资源为 $2 \times 2 + 1.5 \times 0 + 0.5 \times 8 = 8$, 因此松弛变量为 8(约束右端项)$-$8(所用资源)=0.

　　第 5 行松弛变量为 4, 表示制作 2 张书桌, 0 张餐桌和 8 把椅子, 用了资源为 $0 \times 2 + 1 \times 0 + 0 \times 8 = 0$, 因此松弛变量为 4(约束右端项) -0 (所用资源) $= 4$.

　　"Reduced Cost" 列出最优单纯形表中判别数所在行变量的系数, 表示当变量有微小变动时, 目标函数的变化率. 其中基变量的 Reduced Cost 值应为 0; 对于非基变量 x_j, 相应的 Reduced Cost 值表示当某个变量 x_j 增加一个单位时, 目标函数减少的量 (max 型问题, min 型的情况刚好相反). 本例中, 变量 Y 对应的 Reduced Cost 值为 5, 表示当非基变量 Y 的值从 0 变为 1 时 (此时假定其他非基变量保持不变, 但为了满足约束条件, 基变量显然会发生变化), 最优的目标函数值为 $280 - 5 = 275$.

　　"Dual Price"(对偶价格或影子价格) 表示当对应约束有微小变动时, 目标函数的变化情况. 输出结果中对应于每一个约束有一个对偶价格. 若其数值为 p, 表示对应约束中不等式右端项增加 1 个单位, 目标函数将增加 p 个单位 (max 型问题, min 型则反之). 显然, 如果在最优解处约束正好取等号 (也就是 "紧约束", 也称为有效约束或起作用约束), 对偶价格值才可能不是 0. 本例中, 第 3, 4 行是紧约束, 对应的对偶价格值为 10, 表示当紧约束

$$4x + 2y + 1.5z \leqslant 20$$

变为

$$4x + 2y + 1.5z = 21$$

时, 此目标函数值为 $280 + 10 = 290$. 对第 4 行也有类似的结果.

　　对于非紧约束 (如本例中第 2, 5 行是非紧约束), Dual Price 值为 0, 表示对应约束中不等式右端项的微小扰动不影响目标函数.

　　所有约束条件的右端项的变动范围可由软件计算得到. 但需要做如下设置, 如图 5.3 所示: 将主窗口的 LINGO 菜单 Optoins 中 General Solver 下的 "Prices" 改为 "Prices & Ranges", 单击 OK 按钮. 单击 Solve, 计算求解结果, 弹出结果对话框, 然后回到主窗口 (程序所在窗口), 打开 LINGO 菜单, 选择 Range 命令, 弹出 Range Report 对话框如下:

```
Ranges in which the basis is unchanged:
                        Objective Coefficient Ranges
                  Current         Allowable       Allowable
Variable          Coefficient     Increase        Decrease
       X          60.00000        20.00000        6.666667
```

Y	30.00000	15.00000	INFINITY
Z	20.00000	2.500000	5.000000

Righthand Side Ranges

Row	Current RHS	Allowable Increase	Allowable Decrease
2	40.00000	INFINITY	20.00000
3	20.00000	4.000000	4.000000
4	8.000000	2.000000	1.333333
5	4.000000	INFINITY	4.000000

"Objective Coefficient Ranges" 为目标函数系数可变化的范围, 第 1 列 "Variable" 表示变量, 第 2 列 "Coefficient" 表示目标函数系数, "Increase" 和 "Decrease" 表示目标函数系数可增加或减少的范围. 如变量 x 的系数 $C_x \in [60 - 6.667,\ 60 + 20]$ 时, 基变量不会改变, "生产方案" 不需要改变; 如果价格 C_x 在区间的左侧, 表示价格较低 (小于区间的左端点), 生产 x 这种产品, 目标函数值会减少; 如果价格 C_x 在区间的右侧 (大于区间的右端点), 则需要扩大这种产品的生产量从而可以获得更高利润.

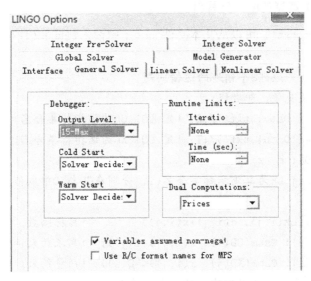

图 5.3 LINGO Options 设置

"Righthand Side Ranges" 表示约束条件的右手边项可变动的范围, 如第 3 行对应的约束

$$4x + 2y + 1.5z \leqslant 20$$

右端项 20 可以变化的范围是 $[20-4,\ 20+4]$, 如果超出这个范围, 右端增加 1 个单位, 目标函数增加 10 个, 规律会打破. 其余以此类推.

5.1.5   LINGO 常用的几个函数

@abs(x)	x 的绝对值
@sin(x)	x 的正弦值 (x 采用弧度制)
@cos(x)	x 的余弦值
@tan(x)	x 的正切值
@exp(x)	e^x 的值
@log(x)	x 的自然对数
@lgm(x)	x 的 gamma 函数的自然对数
@sign(x)	如果 $x<0$ 返回 -1; 否则, 返回 1
@floor(x)	x 的取整函数. 当 $x\geqslant 0$ 时, 返回不超过 x 的最大整数; 当 $x<0$ 时, 返回不低于 x 的最大整数
@smax(x1,x2, ···,xn)	返回 $x_1,x_2,\cdots,x_n$ 中的最大值
@smin(x1,x2, ···,xn)	返回 $x_1,x_2,\cdots,x_n$ 中的最小值

5.1.6   LINGO 数据的读入与写出

@file ('xx.txt') 可以从文本文件 xx.txt 中读入数据 (文件可以是相对路径或绝对路径).

```
model: !6个产地到8个销地的运输问题;
sets: !定义变量, 即数组;
  CD/@file('Data1.txt')/:Q; !定义Qi,CD为该指标集合名;
  XD/@file('Data1.txt')/:T; !定义Qj,XD为该指标集合名;
  Lk(CD,XD): c, x;
!定义cij,xij,Lk为二重指标集合名,i,j分别在CD与XD中取值;
endsets
  min=@sum(Lk(i,j): c(i,j)*x(i,j));        !目标函数;
  @for(XD(j): @sum(CD(i): x(i,j))=T(j));   !需求约束j=1,···,8;
  @for(CD(i): @sum(XD(j): x(i,j))<=Q(i));  !产量约束i=1,···,6;
  !数据的赋值, 也可以从外部数据表格读入数据;
data:
  Q=@file('Data1.txt');        !产量限制;
  T=@file('Data1.txt');        !销量限制;
  C=@file('Data1.txt');
```

```
enddata
end
```

Data1.txt 中的文件形式如下:

```
1 2 3 4 5 6~
1 2 3 4 5 6 7 8~
45 40 48 50 34 42~
28 30 26 28 33 42 25 36~
3 7 8 5 9 4 3 2
    4 9 6 6 3 7 4 8
    4 2 8 9 5 6 7 3
    9 9 4 2 3 5 8 4
    2 5 7 4 3 8 7 9
  7 9 9 7 7 4 8 7~
```

@OLE ('data1.xls') 函数可读取 Ranges 定义模块中的一维或二维区域, 从左至右, 自上到下读取.

```
sets:
    A/1..6/:d;
    B/1..8/:e;
    L(A,B):x;
endsets
data:
    rate=0.01;
    d,e,x=@OLE ('D:\data1.xls'); !数据读入;
    @OLE('D:\data1.xls')=rate;   !数据写出(同样要定义范围和名称);
enddata
```

为了在 Excel 中定义区域及区域名称 (图 5.4):

(1) 单击并拖曳进行区域选择, 如 A6:H11, 左上角到右下角;

(2) 释放鼠标按钮;

(3) 单击鼠标右键, 弹出对话框中选择 "定义名称"(Excel 2019 版);

(4) 输入希望的名字, 如 d, e, rate, x (图 5.5);

(5) 单击 "确定" 按钮.

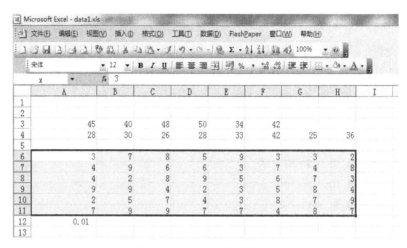

图 5.4　Excel 中区域的选定

图 5.5　Excel 表中定义区域和名称

5.2　综合应用举例

5.2.1　解非线性方程或方程组

可以利用 LINGO 求解非线性方程, 如 $e^{x^2} - \sin x - 4 = 0$, 计算程序如下:

```
model:
    @exp(x*x)-@sin(x)=4;
    @free(x);
end
```

输出结果为

```
Feasible solution found.
Extended solver steps:                    5
Total solver iterations:                  4
                        Variable        Value
                               X     1.264956

                        Row     Slack or Surplus
                          1         0.000000
```

程序中的 @free(x) 函数, 把变量 x 的范围拓展为任意实数, 否则 LINGO 软件默认变量的范围是非负的.

也可以用其计算非线性方程组的解, 如求解方程组

$$\begin{cases} x - y = 2, \\ 2x^2 + y^2 + xy + x = 4 \end{cases}$$

计算程序如下:

```
model:
  x-y=2;
  2*x^2+x+y^2+x*y=4;
@free(x);
@free(y);
end
```

输出结果为

```
Feasible solution found.
Extended solver steps:                    1
Total solver iterations:                 17
                        Variable         Value
                               X      1.250002
                               Y     -0.7499984

                        Row     Slack or Surplus
                          1         0.000000
                          2        -0.8053774E-05
```

5.2.2 巡回问题

旅行售货员问题, 又称货郎担问题 (traveling salesman problem, TSP). 在数学

建模领域, 许多问题可以化为这一类型或类似的问题进行计算、求解和分析.

例 5.3　假设有一个推销员, 从城市 1 出发, 要遍访城市 $2, 3, \cdots, n$ 各一次, 最后返回城市 1, 如果已知从城市 i 到 j 的旅费 (或路程) 为 c_{ij}, 问他应按怎样的次序访问这些城市, 使得总旅费 (或路程) 最少 (短)?

解　把该问题的每个解 (不一定是最优的) 看作一次 "巡回", 引入一些 0-1 整数变量:

$$x_{ij} = \begin{cases} 1, & \text{巡回路线从 } i \text{ 到 } j, \text{ 且 } i \neq j, \\ 0, & \text{其他情况} \end{cases}$$

其目标只是使 $\min = \sum\limits_{i,j=1} c_{ij} x_{ij}$ 为最小.

这里有两个明显必须要满足的条件: ① 访问城市 i 后必须要有一个即将访问的确切城市; ② 访问城市 j 前必须要有一个刚刚访问过的确切城市. 用下面的两组约束分别实现

$$\sum_{i \neq k} x_{ik} - 1 \quad (k = 1, 2, \cdots, n)$$

$$\sum_{j \neq k} x_{kj} = 1 \quad (k = 1, 2, \cdots, n)$$

保证不出现绕圈,

$$u_i - u_j + n \cdot x_{ij} \leqslant n - 1 \quad (i = 2, 3, \cdots, n; j = 1, 2, \cdots, n; i > j)$$

计算程序如下:

```
model:
sets:
  city / 1.. 5/: u;
  L1(city, city): dist, x; !距离矩阵;
endsets
  n = @size(city);
data:   !距离矩阵, 它并不需要是对称的;
  dist = @qrand(1);   !为了简化数据输入, 随机产生;
enddata
min = @sum(L1: dist * x); !目标函数;
  @for(city(K):
      @sum(city(I)| I #ne# K: x(I,K)) = 1; !进入城市K;
      @sum(city(J)| J #ne# K: x(K,J)) = 1;);  !离开城市K;
  @for(city(I)|I #gt# 1: !保证不出现子圈;
```

```
    @for(city(J)| J#gt#1 #and# I #ne# J:
      u(I)-u(J)+n*x(I,J)<=n-1;);
```

!限制u的范围以加速模型的求解, 保证所加限制并不排除掉问题的最优解;

```
    @for(city(I) | I #gt# 1: u(I)<=n-2 );
```

!定义X为0\1变量;

```
    @for( L1: @bin(x));
  end
```

注意: 规划模型在求解过程中一般需要增加一些附加条件, 只要这些条件不影响最优解的搜寻, 以便提高计算速度和计算效率. 因为距离矩阵是随机产生的, 所以每次计算的结果可能不一样.

例 5.4 给定 N 个点 $p_i(i=1,2,\cdots,N)$, 构成节点集合 $P=\{p_i|i=1,2,\cdots,N\}$, d_{ij} 表示从节点 p_i 到 p_j 的距离, 如果两点没有直接的弧连接, 规定 $d_{ij}=+\infty$, 且规定 $d_{ii}=0\,(i=1,2,\cdots,N)$, 确定一个目标点 p_N, 计算从任意点 p_i 出发达到目标点 p_N 的最短路.

采用动态规划法, 多阶段决策: 用动点 p_i 表示状态, 决策集合为 $P-\{p_i\}$, 在其中选定 p_j 点, 得到效益 d_{ij}, 并转入新态 p_j, 不断循环, 状态为 p_N 时, 过程停止.

定义 $f(i)$ 是由 p_i 点出发至终点 p_N 的最短路, 根据最优化理论, 得到下列模型:

$$\begin{cases} f(i) = \min\{d_{ij}+f(j)\}, & i=1,2,\cdots,N-1, \\ f(N)=0 \end{cases}$$

LINGO 可以方便地解决这种动态规划问题, 程序如下:

```
model:
sets:
  cities/1..10/: F;   !10个城市;
  roads(cities,cities)/
    1,2  1,3
    2,4  2,5  2,6
    3,4  3,5  3,6
    4,7  4,8
    5,7  5,8  5,9
    6,8  6,9
    7,10
    8,10
    9,10
  /: D, P;
```

```
endsets
data:
  D=
    6  5
    3  6  9
    7  5  11
    9  1
    8  7  5
    4  10
    5
    7
    9;
  n=10;
enddata
  F(n)=0;
  @for(cities(i) | i #lt# n:
    F(i)=@min(roads(i,j): D(i,j)+F(j)););
!显然,如果P(i,j)=1,则点i到点n的最短路径的第一步是i->j,否则就不是.
  @for(roads(i,j):
    P(i,j)=@if(F(i) #eq# D(i,j)+F(j),1,0));
end
```

5.2.3   指派问题

例 5.5   假设给 n 个人分配 n 项工作, 以期获得最高效益的问题.

第 i 个人完成第 j 项工作需要平均时间为 t_{ij}, 要求给每个人分配一项工作, 每一项工作必须有人做, 求完成全部任务的总时间为最小的方案. 该问题可建立模型如下:

$$\min \sum_{i=1}^{n}\sum_{j=1}^{n} t_{ij}x_{ij}$$

$$\text{s.t.} \begin{cases} \sum_{i=1}^{n} x_{ij}=1, \ j=1,2,\cdots,n, \\ \sum_{j=1}^{n} x_{ij}=1, \ i=1,2,\cdots,n, \\ x_{ij}=0 \ 或 \ 1 \end{cases}$$

分析: 此问题可看作运输问题的特殊情况, 也可将此问题看作具有 n 个源和 n 个汇的问题, 每个源有 1 单位的可获得量, 而每个汇有 1 单位的需要量. 计算程序如下:

```
model: !7个工人, 7个工作的分配问题;
sets:
  workers/1..7/;
  jobs/1..7/;
  L1(workers,jobs): c,x;
endsets
  min=@sum(L1: c*x);   !目标函数;
  @for(workers(I):
    @sum(jobs(J): x(I,J))=1;);   !每个工人只能有一份工作;
  @for(jobs(J):
    @sum(workers(I): x(I,J))=1;);  !每份工作只能有一个工人;
data:
      c= 6 2 6 7 4 2 5
         4 9 5 3 8 5 8
         5 2 1 9 7 4 3
         7 6 7 3 9 2 7
         2 3 9 5 7 2 6
         5 5 2 2 8 11 4
         9 2 3 12 4 5 10;
enddata
end
```

此问题看起来必须要求用整数规划以保证 x_{ij} 只能取 0 或 1. 然而, 此问题是运输问题的特例, 因此即使不限制 x_{ij} 取 0 或 1, LINGO 软件默认的最优解也将取 0 或 1. 从这个问题还可以看出, 分配问题可以作为线性规划问题来求解, 尽管模型可能很大. 例如, 给 100 个人分配 100 项工作将使所得的模型具有 10000 个变量, 软件的内存有限, 较大的变量数量将无法定义, 软件会显示 "out of memory".

习　题　5

1. 用 LINGO 求解非线性方程:

(1) $x^5 - x^3 + 24x + 1 = 0$;

(2) $\sin(5x^2) + e^x - 2 = 0$.

2. 如图 5.6 所示, 求节点 1 到节点 7 的最短距离.

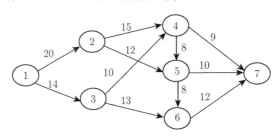

图 5.6　节点及距离示意图

3. 护士工作时间的安排: 某医院的心脑血管科需要制订护士的工作时间表. 在心脑血管科的一个工作日分为 12 个两小时的时段, 每个时段的人员要求不同. 例如, 在夜间只要求有很少几名护士就足够了, 但在早晨为了给病人提供特殊服务, 需要很多护士. 表 5.3 列出了每个时段的人员需求量.

表 5.3　每个时段的人员需求量

编号	时段	需要护士人数
1	0:00~2:00	15
2	2:00~4:00	15
3	4:00~6:00	15
4	6:00~8:00	35
5	8:00~10:00	40
6	10:00~12:00	40
7	12:00~14:00	40
8	14:00~16:00	30
9	16:00~18:00	31
10	18:00~20:00	35
11	20:00~22:00	30
12	22:00~24:00	20

问题 1: (1) 为满足需求最少需要多少名护士? 这里假定每位护士每天工作 8 小时, 且在工作 4 小时后需要休息 1 小时.

(2) 如果满足需求的排班方案不止一种, 请给出你认为最合理的排班方案, 并说明其理由.

问题 2: 目前心脑血管科只有 80 名护士, 如果这个数目不能满足指定的需求, 只能考虑让部分护士加班. 如果加班, 每天加班的时间为 2 小时, 且紧随在后一个 4 小时工作时段之后, 中间没有休息.

(1) 请给出护士工作时间安排的方案, 以使需要加班的护士数目最少.

(2) 如果排班 (包括加班) 的方案不止一种, 请给出你认为最合理的排班和加班方案, 并说明其理由.

4. 托盘装载问题[①].

中国作为世界制造业中心, 托盘市场潜力巨大, 但是根据中国物流与采购联合会托盘专业委员会于 2009 年发布的《第二次全国托盘现状研究报告》, 我国目前拥有的托盘总量仅为 1.9 亿至 2.2 亿, 而美国现拥有托盘总量约为 20 亿、日本 7 亿、欧盟 30 亿. 可以预计今后我国托盘的总量将会以惊人的速度增长, 物流托盘应用前景广阔. 根据德国人 Janer Graefentein 的设计法则, 托盘面积的利用率增加 5%, 其包装成本约降低 10%, 因此研究如何在一个托盘中正交 (即任意两个箱子的边线平行或垂直) 且不重叠地放置数目最多同尺寸的长方体箱子, 即托盘装载问题 (pallet loading problem, PLP), 对降低物流运输成本, 提高托盘的使用效率具有重要的现实意义.

请解答如下问题:

(1) 若某箱子的长为 575cm、宽为 325cm, 将其放在长、宽分别为 27500cm, 27500cm 的托盘上, 怎样放置箱子 (包括个数、图谱), 才能使托盘面积的利用率最大?

(2) 附表列出了某大型企业用于包装产品的各种箱子的规格尺寸, 建立模型并求出分别将这些箱子放到 3000cm×2500cm, 2750cm×2750cm 的托盘上使其表面利用率达到最大的放置箱子个数及图谱.

(3) 探讨建立一般优化模型, 以此求出将任意尺寸的箱子放到某一规格的托盘上, 使其利用率达到最大的装箱方式.

附表: 某企业生产纸箱的规格尺寸 (单位: cm)

序号	长	宽	序号	长	宽	序号	长	宽	序号	长	宽
1	31	22	21	18	9	41	41	25	61	28	6
2	39	25	22	11	8	42	43	30	62	29	5
3	32	10	23	19	13	43	45	25	63	30	3
4	22	19	24	21	16	44	46	24	64	30	12
5	32	17	25	19	13	45	43	25	65	28	3
6	21	19	26	38	18	46	51	28	66	30	6
7	27	23	27	39	19	47	57	26	67	28	8
8	51	32	28	22	15	48	53	29	68	28	5
9	30	31	29	18	86	49	38	27	69	28	6
10	31	26	30	14	69	50	42	26	70	29	6
11	58	31	31	14	69	51	56	28	71	28	9
12	33	15	32	23	14	52	51	27	72	26	3
13	32	25	33	22	11	53	42	29	73	28	6
14	30	21	34	23	13	54	37	23	74	30	10
15	38	24	35	31	14	55	46	24	75	29	7
16	28	26	36	19	13	56	31	27	76	27	10
17	36	21	37	29	12	57	27	26	77	29	6
18	31	12	38	16	13	58	43	25	78	30	5
19	35	22	39	15	11	59	37	28	79	29	4
20	37	20	40	25	17	60	39	25	80	27	9

[①] 题目来自广西民族大学 2019 年校内竞赛题.

第6章 多元统计分析方法

数学建模侧重于对实际问题的处理, 庞大的信息数据量往往对参赛选手在数据分析和处理上提出更高的要求. 要从表面看起来杂乱无章的数据中发现和提炼出规律性的结论, 需要掌握必要的统计分析工具. 多元统计分析方法是处理多维数据不可缺少的重要工具, 并日益显示出无比的魅力 [3].

本章主要介绍多元统计分析在数学建模中的应用, 以 MATLAB 作为算法的实现平台, 对多元统计分析方法的具体应用进行了实例说明.

6.1 相 关 分 析

相关分析 (correlation analysis) 研究现象之间是否存在某种依存关系, 并对具体有依存关系的现象探讨其相关方向以及相关程度, 是研究随机变量之间的相关关系的一种统计方法.

变量之间的关系, 通常分为函数关系和相关关系. 变量之间存在的完全确定的一一对应的关系称为函数关系. 若一个或几个相互联系的变量取一定的数值时, 与之相对应的另一变量的值虽然不确定, 但它仍按某种规律在一定的范围内变化, 变量间的这种相互关系, 称为具有不确定性的相关关系.

变量间的相关关系按相关程度分为以下情形.

(1) 完全相关, 一种现象的数量变化完全由另一种现象的数量变化所确定. 在这种情况下, 相关关系便称为函数关系, 因此也可以说函数关系是相关关系的一个特例.

(2) 不完全相关, 两个现象之间的关系介于完全相关和不相关之间.

(3) 不相关, 两个现象彼此互不影响, 其数量变化各自独立.

按相关的方向分为以下情形.

(1) 正相关, 两个现象的变化方向相同.

(2) 负相关, 两个现象的变化方向相反.

按相关的形式分类分为以下情形.

(1) 线性相关, 两种相关现象之间的关系大致呈现为线性关系.

(2) 非线性相关, 两种相关现象之间的关系并不表现为线性关系, 而是近似于某种曲线方程的关系.

按相关关系涉及的变量数目分为以下情形.

(1) 单相关, 两个变量之间的相关关系, 即一个因变量与一个自变量之间的依存关系.

(2) 复相关, 多个变量之间的相关关系, 即一个因变量与多个自变量的复杂依存关系.

(3) 偏相关, 当研究因变量与两个或多个自变量相关时, 如果把其余的自变量看成不变的 (即当作常量), 只研究因变量与其中一个自变量之间的相关关系, 就称为偏相关.

6.1.1 相关系数

相关分析侧重于两个变量之间的数量关系的研究, 借助若干分析指标 (如相关系数) 对变量之间的密切程度进行测定, 一般包括: 确定变量之间是否存在相关关系及其表现形式、确定相关关系的密切程度. 而相关系数则是描述相关关系强弱程度和方向的统计量, 通常用 r 表示.

(1) 相关系数的取值范围在 -1 和 1 之间, 即 $-1 \leqslant r \leqslant 1$.

(2) 计算结果, 若 r 为正, 则表明两变量为正相关; 若 r 为负, 则表明两变量为负相关.

(3) 相关系数 r 的数值越接近于 $1(-1$ 或 $1)$, 表示相关性越强; 越接近于 0, 表示相关性越弱. 如果 $r = 1$ 或 -1, 则表示两个现象完全正相关或负相关. 如果 $r = 0$, 则表示两个现象完全不相关.

(4) $|r| < 0.3$, 称为微弱相关; $0.3 \leqslant |r| < 0.5$, 称为低度相关; $0.5 \leqslant |r| < 0.8$, 称为显著 (中度) 相关; $0.8 \leqslant |r| < 1$, 称为高度相关.

(5) r 值很小, 说明 X 与 Y 之间没有线性相关关系, 但并不意味着 X 与 Y 之间没有其他关系, 如很强的非线性关系.

(6) 直线相关系数一般只适用于测定变量间的线性相关关系, 当要衡量非线性相关时, 一般应采用相关指数 R.

衡量变量相关性的相关系数主要有三种: Pearson (皮尔逊) 相关系数、Spearman (斯皮尔曼) 相关系数、Kendall (肯德尔) 相关系数.

1) Pearson 相关系数

Pearson 相关系数用来衡量两个数据集合是否在一条直线上, 以及数值变量之间的线性关系. 在不作特别说明的情形下, 样本相关系数通常就是指 Pearson 相关系数.

设有 n 个数据对 $(x_i, y_i), i = 1, 2, \cdots, n$, Pearson 相关系数的计算公式如下:

$$r = \frac{\sum\limits_{i=1}^{n}(x_i - \bar{x})(y_i - \bar{y})}{\sqrt{\sum\limits_{i=1}^{n}(x_i - \bar{x})^2 \sum\limits_{i=1}^{n}(y_i - \bar{y})^2}} \tag{6.1}$$

计算 Pearson 相关系数的数据要求: 变量都是服从正态分布、相互独立的连续数据; 两个变量在散点图上有线性相关趋势; 样本容量 $n \geqslant 30$.

如果 (x, y) 服从二维正态分布, 则 Pearson 相关系数 r 满足

$$F = \frac{(n-2)r^2}{1-r^2} \sim F(1, n-2)$$

判断 x 与 y 是否线性相关显著的接受域为

$$r \geqslant \sqrt{\frac{F_\alpha(1, n-2)}{F_\alpha(1, n-2) + n - 2}}$$

2) Spearman 相关系数

Spearman 相关系数又称秩相关系数, 是用来测度两个定序数据之间的线性相关程度的指标.

当两组变量值以等级次序表示时, 可以用 Spearman 等级相关系数反映变量间的关系密切程度. 它是根据数据的秩而不是原始数据来计算相关系数的, 其计算过程包括: 对连续数据的排序、对离散数据的排序, 利用每对数据等级的差额及差额平方, 通过公式计算得到相关系数. 其计算公式为

$$r_S = 1 - \frac{6\sum\limits_{i=1}^{n} d_i^2}{n(n^2 - 1)} \tag{6.2}$$

式中 $d_i = x_i - y_i$, n 为样本容量.

Spearman 相关系数对数据条件的要求没有 Pearson 相关系数严格, 只要两个变量的观测值是成对的等级评定数据, 或者是由连续变量观测数据转化得到的等级数据, 不论两个变量的总体分布形态、样本容量的大小如何, 都可以用 Spearman 等级相关系数来进行研究.

3) Kendall 相关系数

Kendall 等级相关系数是在考虑了节点 (秩次相同) 的条件下, 测度两组定序数据或等级数据线性相关程度的指标. 它利用排序数据的秩, 通过计算不一致数据对在总数据对中的比例, 来反映变量间的线性关系. 其计算公式如下:

$$r_K = \frac{2}{n(n-1)} \sum_{i<j} \text{sgn}(x_i - x_j)\text{sgn}(y_i - y_j) \tag{6.3}$$

其中 $\mathrm{sgn}(u) = \begin{cases} 1, & u > 0, \\ 0, & u = 0, \\ -1, & u < 0. \end{cases}$

计算 Kendall 相关系数的数据要求与计算 Spearman 等级相关系数的数据要求相同.

6.1.2 相关分析的 MATLAB 实现

对两个变量进行相关分析, 可以依循两个步骤.

1) 绘制散点图

MATLAB 用 plot 画图会自动连线, 而画散点图, 用 scatter 或 stem 函数即可. 用 plot(x,y,'*') 也可画星型散点. 点的大小和形状也很简单, 在后面加上标示符即可, 如 scatter(x,y,'+') 或 scatter(x,y,'.'), 即画出加号点形式和小圆点形式的图, 当然有其他参数, 同 plot 函数一样.

2) 求解相关系数

MATLAB 中求解相关系数的函数有 corrcoef 和 corr. corrcoef 函数计算出来的是 Pearson 相关系数, 格式为 corrcoef(X,Y); corr 函数可以选择相关系数的类型, 默认的是 Pearson 相关系数, 其格式如下:

(1) X 与 Y 是两个变量取值所构成的向量.

Pearson 相关系数: corr(X,Y,'type','Pearson');

Spearman 相关系数: corr(X,Y,'type','Spearman');

Kendall 相关系数: corr(X,Y,'type','Kendall').

(2) X 是一个数据矩阵, 列为几个变量取值.

Pearson 相关系数: corr(X,'type','Pearson');

Spearman 相关系数: corr(X,'type','Spearman');

Kendall 相关系数: corr(X,'type','Kendall').

例 6.1 设有 10 个厂家, 序号为 $1, 2, \cdots, 10$, 各厂的投入成本记为 x, 所得产出记为 y. 各厂家的投入和产出 (单位: 万元) 如表 6.1, 根据这些数据, 可以认为投入和产出之间存在相关性吗?

表 6.1　各厂家的投入和产出

厂家	1	2	3	4	5	6	7	8	9	10
投入	20	40	20	30	10	10	20	20	20	30
产出	30	60	40	60	30	40	40	50	30	70

解　(1) 绘制散点图 (图 6.1).

在 MATLAB 命令窗口输入

x=[20 40 20 30 10 10 20 20 20 30];
y=[30 60 40 60 30 40 40 50 30 70];
plot(x,y,'*'); %若没有'*',plot将自动连线.

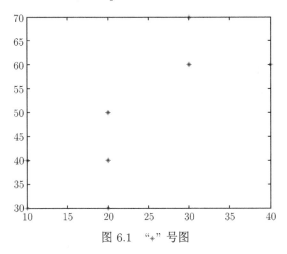

图 6.1　"*" 号图

若用命令 stem(x, y, '*'),如图 6.2 所示.

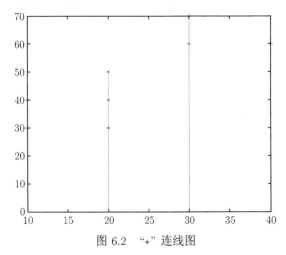

图 6.2　"*" 连线图

若用命令 scatter(x, y, '+'),如图 6.3 所示.
(2) 求解相关系数.
在 MATLAB 命令窗口输入
x=[20;40;20;30;10;10;20;20;20;30];
y=[30;60;40;60;30;40;40;50;30;70];
r=corr(x,y,'type','Pearson')

结果: $r = 0.7590$.

在 MATLAB 命令窗口输入

```
x=[20;40;20;30;10;10;20;20;20;30];
y=[30;60;40;60;30;40;40;50;30;70];
r=corr(x,y,'type','Spearman')
```

结果: $r = 0.7398$.

在 MATLAB 命令窗口输入

```
x=[20;40;20;30;10;10;20;20;20;30];
y=[30;60;40;60;30;40;40;50;30;70];
r=corr(x,y,'type','Kendall')
```

结果: $r = 0.6213$.

可见, 投入和产出之间显著相关.

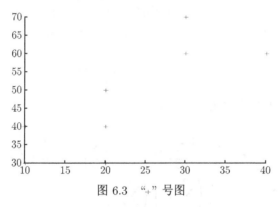

图 6.3 "+" 号图

6.2 回归模型

回归分析 (regression analysis) 是确定两种或两种以上变量间相互依赖的定量关系的一种统计分析方法. 回归分析按照涉及的变量的多少, 可分为一元回归和多元回归分析; 按照自变量和因变量之间的关系类型, 可分为线性回归分析和非线性回归分析. 如果在回归分析中, 只包括一个自变量和一个因变量, 且二者的关系可用一条直线近似表示, 这种回归分析称为一元线性回归分析. 如果回归分析中包括两个或两个以上的自变量, 且自变量之间存在线性相关, 则称为多元线性回归分析.

6.2.1 一元线性回归模型

一元线性回归模型又称简单直线回归模型, 其一般形式为

$$\begin{cases} y = \beta_0 + \beta_1 x + \varepsilon, \\ E\varepsilon = 0, \quad D\varepsilon = \sigma^2 \end{cases} \tag{6.4}$$

其中 x 为回归自变量或回归因子; y 为回归因变量或响应变量; β_0, β_1 统称回归系数; ε 为随机误差, 通常假定 ε 服从 $N(0, \delta^2)$.

一元线性回归分析的主要任务是:

(1) 用试验值 (样本值) 对 β_0, β_1 和 σ 作点估计;

(2) 对回归方程作显著性检验;

(3) 在 $x = x_0$ 处对 y 作预测, 对 y 作区间估计.

1. 模型参数估计

设有 n 组独立观测值 $(x_1, y_1), (x_2, y_2), \cdots, (x_n, y_n)$, 则

$$\begin{cases} y_i = \beta_0 + \beta_1 x_i + \varepsilon_i, & i = 1, 2, \cdots, n, \\ E\varepsilon_i = 0, D\varepsilon_i = \sigma^2, & \text{且 } \varepsilon_1, \varepsilon_2, \cdots, \varepsilon_n \text{ 相互独立} \end{cases}$$

用最小二乘法估计 β_0, β_1 的值, 即取它们的一组估计值 $\hat{\beta}_0, \hat{\beta}_1$, 使其随机误差 ε_i 的平方和达到最小, 即使 y_i 与 $\hat{y}_i = \hat{\beta}_0 + \hat{\beta}_1 x_i$ 最佳拟合, 可得

$$\hat{\beta}_0 = \overline{y} - \hat{\beta}_1 \overline{x}, \quad \hat{\beta}_1 = \frac{l_{xy}}{l_{xx}}$$

称 $\hat{\beta}_0, \hat{\beta}_1$ 为 β_0, β_1 的最小二乘估计, 其中

$$\overline{y} = \frac{1}{n} \sum_{i=1}^{n} y_i, \quad \overline{x} = \frac{1}{n} \sum_{i=1}^{n} x_i, \quad l_{xx} = \sum_{i=1}^{n} x_i^2 - \frac{1}{n} \left(\sum_{i=1}^{n} x_i \right)^2$$

$$l_{xy} = \sum_{i=1}^{n} x_i y_i - \frac{1}{n} \left(\sum_{i=1}^{n} x_i \right) \left(\sum_{i=1}^{n} y_i \right)$$

于是可得到经验回归方程 $\hat{Y} = \hat{\beta}_0 + \hat{\beta}_1 X$, 其中有 $\hat{\sigma}^2 = \dfrac{\sum\limits_{i=1}^{n} (y_i - \hat{\beta}_0 - \hat{\beta}_1 x_i)^2}{n - 2}$, 则 $\hat{\sigma}^2$ 是 σ^2 的无偏估计.

2. 回归方程的显著性检验

根据回归方程求出估计值 $\hat{\beta}_0, \hat{\beta}_1$ 后, 需要对回归方程作显著性检验. 对回归方程 $Y = \beta_0 + \beta_1 X$ 的显著性检验, 归结为对假设

$$H_0 : \beta_1 = 0; \quad H_1 : \beta_1 \neq 0$$

进行检验. 显著性检验法有 F 检验法、t 检验法和 r 检验法.

1) F 检验

记

$$F = \frac{(n-2)\sum\limits_{i=1}^{n}(\hat{y}_i - \bar{y})^2}{\sum\limits_{i=1}^{n}(y_i - \hat{y}_i)^2}$$

当 $F > F_\alpha(1, n-2)$ 时, 拒绝 H_0, 即回归效果显著; 否则接受 H_0, 即回归效果不显著.

2) t 检验

记

$$t = \frac{\hat{\beta}_1}{\hat{\sigma}}\sqrt{l_{xx}}$$

当 $|t| > t_{\frac{\alpha}{2}}(n-2)$ 时, 拒绝 H_0, 即回归效果显著; 否则接受 H_0, 即回归效果不显著.

3) r 检验

记

$$r = \frac{\sum\limits_{i=1}^{n}(x_i - \bar{x})(y_i - \bar{y})}{\sqrt{\sum\limits_{i=1}^{n}(x_i - \bar{x})^2 \sum\limits_{i=1}^{n}(y_i - \bar{y})^2}} = \frac{l_{xy}}{\sqrt{l_{xx} \cdot l_{yy}}}$$

当 $|r| > r_\alpha(n-2)$ 时, 拒绝 H_0; 否则接受 H_0, 其中

$$r_\alpha = \sqrt{\frac{1}{1 + (n-2)/F_\alpha(1, n-2)}}$$

3. 预测与控制

经过检验, 当回归方程有意义时, 便可用它来进行预测与控制.

1) 预测

用 y_0 的回归值 $\hat{y}_0 = \hat{\beta}_0 + \hat{\beta}_1 x_0$ 作为 y_0 的预测值, y_0 的置信水平 $1 - \alpha$ 的预测区间为

$$[\hat{y}_0 - \delta(x_0),\ \hat{y}_0 + \delta(x_0)]$$

其中 $\delta(x_0) = \hat{\sigma}_e t_{1-\frac{\alpha}{2}}(n-2)\sqrt{1 + \dfrac{1}{n} + \dfrac{(x_0 - \bar{x})^2}{l_{xx}}}$.

特别地, 当 n 很大且 x_0 在 $\bar{x}$ 附近取值时, y 的置信水平 $1 - \alpha$ 的预测区间近似为

$$\left[\hat{y} - \hat{\sigma}_e u_{1-\frac{\alpha}{2}},\ \hat{y} + \hat{\sigma}_e u_{1-\frac{\alpha}{2}}\right]$$

2) 控制

要求: $y = \beta_0 + \beta_1 x + \varepsilon$ 的值以 $1 - \alpha$ 的概率落在指定区间 (y', y'').

只要控制 x 满足以下两个不等式

$$\hat{y} - \delta(x) \geqslant y', \quad \hat{y} + \delta(x) \leqslant y''$$

要求 $y'' - y' \geqslant 2\delta(x)$. 若 $\hat{y} - \delta(x) = y'$, $\hat{y} + \delta(x) = y''$ 分别有解 x' 和 x'', 即 $\hat{y} - \delta(x') = y'$, $\hat{y} + \delta(x'') = y''$, 则 (x', x'') 就是所求的 x 的控制区间.

6.2.2　多元线性回归模型

多元线性回归模型适合于分析一个因变量和多个自变量之间的相关关系. 假设有 p 个自变量 $x_1, x_2, \cdots, x_p$, 多元线性回归模型表示为

$$y_i = \beta_0 + \beta_1 x_{i1} + \beta_2 x_{i2} + \cdots + \beta_k x_{ik} + \cdots + \beta_p x_{ip} + \varepsilon_i \ (i = 1, 2, \cdots, n) \quad (6.5)$$

其中 ε_i 服从 $N(0, \sigma^2)$, 且独立同分布; β_0 为截距的总体参数, $\beta_1, \beta_2, \cdots, \beta_p$ 为斜率的总体参数.

式 (6.5) 可以写成矩阵形式:

$$y = X\beta + \varepsilon$$

其中

$$y = \begin{bmatrix} y_1 \\ y_2 \\ \vdots \\ y_n \end{bmatrix}, \quad X = \begin{bmatrix} 1 & x_{11} & \cdots & x_{1p} \\ 1 & x_{21} & \cdots & x_{2p} \\ \vdots & \vdots & & \vdots \\ 1 & x_{n1} & \cdots & x_{np} \end{bmatrix}, \quad \beta = \begin{bmatrix} \beta_0 \\ \beta_1 \\ \vdots \\ \beta_p \end{bmatrix}$$

多元线性回归考虑的主要问题是:

(1) 用试验值 (样本值) 对未知参数 β, σ^2 作点估计和假设检验, 从而建立 y 与 $x_1, x_2, \cdots, x_p$ 之间的数量关系;

(2) 对回归方程作显著性检验;

(3) 在 $x_1 = x_{01}, x_2 = x_{02}, \cdots, x_p = x_{0p}$ 处对 y 的值作预测, 即对 y 作区间估计.

1. 模型参数估计

可求得 β 的最小二乘估计 $\hat{\beta} = (X^{\mathrm{T}} X)^{-1} X^T y$, 从而可得经验回归方程 $\mathrm{CI}_1^{(p)}, \cdots, \mathrm{CI}_n^{(p)}$, $\hat{\varepsilon} = y - X\hat{\beta}$ 为残差向量, $\hat{\sigma} = \hat{\varepsilon}^{\mathrm{T}} \hat{\varepsilon} / (n - p - 1)$ 为 σ^2 的最小二乘估计.

2. 回归方程的显著性检验

下面对多元线性回归分析方程进行显著性检验.

假设 $H_0: \beta_0 = \beta_1 = \cdots = \beta_p = 0$; $H_1: \beta_0, \beta_1, \cdots, \beta_p$ 不全为 0. 显著性检验法常用 F 检验法, 记

$$F = \frac{\left(\sum_{i=1}^{n}(y_i - \hat{y})^2 - y^{\mathrm{T}}y + \hat{\beta}^{\mathrm{T}}X^{\mathrm{T}}y\right)\Big/ p}{(y^{\mathrm{T}}y - \hat{\beta}^{\mathrm{T}}X^{\mathrm{T}}y)/(n-p-1)}$$

当 $F > F_{1-\alpha}(p, n-p-1)$ 时, 拒绝 H_0, 即认为 y 与 $x_1, x_2, \cdots, x_p$ 之间显著地有线性关系; 否则就接受 H_0, 认为 y 与 $x_1, x_2, \cdots, x_p$ 之间线性关系不显著.

3. 预测

当多元线性回归方程经过检验是显著的之后, 且其中每个系数均显著不为 0 时, 可以用此方程进行预测.

1) 点预测

求出回归方程 $\hat{y} = \hat{\beta}_0 + \hat{\beta}_1 x_1 + \cdots + \hat{\beta}_p x_p$, 对于给定自变量的值 $x_1^*, \cdots, x_p^*$, 用 $\hat{y}^* = \hat{\beta}_0 + \hat{\beta}_1 x_1^* + \cdots + \hat{\beta}_p x_p^*$ 来预测 $y^* = \beta_0 + \beta_1 x_1^* + \cdots + \beta x_p^* + \varepsilon$. 称 $\hat{y}^*$ 为 y^* 的点预测.

2) 区间预测

y 的 $1 - \alpha$ 的预测 (置信) 区间为 $(\hat{y}_1, \hat{y}_2)$, 其中

$$\begin{cases} \hat{y}_1 = \hat{y} - \hat{\sigma}\sqrt{1 + \sum_{i=0}^{p}\sum_{j=0}^{p}c_{ij}x_i x_j t_{1-\frac{\alpha}{2}}(n-p-1)}, \\ \hat{y}_2 = \hat{y} + \hat{\sigma}\sqrt{1 + \sum_{i=0}^{p}\sum_{j=0}^{p}c_{ij}x_i x_j t_{1-\frac{\alpha}{2}}(n-p-1)}, \end{cases} \qquad \hat{\sigma} = \sqrt{\frac{y^{\mathrm{T}}y - \hat{\beta}^{\mathrm{T}}X^{\mathrm{T}}y}{n-p-1}}$$

6.2.3 回归分析的 MATLAB 实现

下面主要介绍一些 MATLAB 统计工具箱中的回归分析命令.

1. 多元线性回归

多元线性回归模型: $y = \beta_0 + \beta_1 x_1 + \cdots + \beta_p x_p$, 多元线性回归的命令是 regress, 此命令也可用于一元线性回归, 步骤如下:

(1) 确定回归系数的点估计值.

命令为

```
b=regress(Y, X )
```

其中 b 表示 $\begin{bmatrix} \hat{\beta}_0 \\ \hat{\beta}_1 \\ \vdots \\ \hat{\beta}_p \end{bmatrix}$, Y 表示 $\begin{bmatrix} Y_1 \\ Y_2 \\ \vdots \\ Y_n \end{bmatrix}$, X 表示 $\begin{bmatrix} 1 & x_{11} & x_{12} & \cdots & x_{1p} \\ 1 & x_{21} & x_{22} & \cdots & x_{2p} \\ \vdots & \vdots & \vdots & & \vdots \\ 1 & x_{n1} & x_{n2} & \cdots & x_{np} \end{bmatrix}$. X 中第一

列是全 1 的向量 (这点对于回归来说很重要, 这个全 1 列向量对应回归方程的常数项), 当 $p=1$ 时, 就是一元线性回归.

(2) 求回归系数的点估计和区间估计, 并检验回归模型.

命令为

```
[b,bint,r,rint,stats]=regress(Y,X,alpha)
```

其中 b 表示回归方程的系数; bint 是一个 $p \times 2$ 矩阵, 它的第 i 行表示 β_i 的 $1-$alpha 置信区间; r 是 $n \times 1$ 的残差列向量; rint 是 $n \times 2$ 矩阵, 它的第 i 行表示第 i 个残差 r_i 的 $1-$alpha 置信区间; alpha 表示显著性水平 (缺省时为 0.05); stats 表示用于检验回归模型的统计量, 有四个数值: 相关系数 r^2、F 值、与 F 对应的概率 p 及模型方差的估计值 $\hat{\sigma}^2$.

说明: (i) 相关系数 r^2 越接近 1, 说明回归方程越显著;

(ii) $F > F_{1-\alpha}(p, n-p-1)$ 时拒绝 H_0, F 越大, 说明回归方程越显著; 与 F 对应的概率 $p < \alpha$ 时拒绝 H_0, 回归方程显著;

(iii) 与 F 对应的概率 p 应该满足 $p <$ alpha. 如果 $p >$ alpha, 则说明回归方程中有多余的自变量, 可以将这些多余的自变量从回归方程中剔除.

这几个技术指标说明拟合程度的好坏. 这几个指标都好, 就说明回归方程是有意义的.

(3) 画出残差及其置信区间.

命令为

```
rcoplot(r,rint)
```

残差最好在 0 点附近比较均匀分布, 而不呈现一定的规律性, 这样就说明回归分析做得比较理想.

例 6.2　用 MATLAB 对下列数据 (表 6.2) 做线性回归分析.

解　设 $y = \beta_0 + \beta_1 x_1 + \beta_2 x_2 + \varepsilon$.

(1) 输入数据.

```
x1=[2.23,2.57,3.87,3.10,3.39,2.83,3.02,2.14,3.04,3.26,3.39,2.35,
    2.76,3.90,3.16]';
x2=[9.66,8.94,4.40,6.64,4.91,8.52,8.04,9.05,7.71,5.11,5.05,8.51,
    6.59,4.90,6.96]';
X=[ones(15,1),x1,x2];
```

Y=[12.37,12.66,12.00,11.93,11.06,13.03,13.13,11.44,12.86,10.84,
11.20,11.56,10.83,12.63,12.46]';

表 6.2　线性回归分析

序号	y	x_1	x_2
1	12.37	2.23	9.66
2	12.66	2.57	8.94
3	12.00	3.87	4.40
4	11.93	3.10	6.64
5	11.06	3.39	4.91
6	13.03	2.83	8.52
7	13.13	3.02	8.04
8	11.44	2.14	9.05
9	12.86	3.04	7.71
10	10.84	3.26	5.11
11	11.20	3.39	5.05
12	11.56	2.35	8.51
13	10.83	2.76	6.59
14	12.63	3.90	4.90
15	12.46	3.16	6.96

(2) 回归分析及检验.

[b,bint,r,rint,stats]=regress(Y,X,0.05)

输出结果:

```
b =
   -4.5154
    3.0970
    1.0319
bint =
   -4.6486   -4.3822
    3.0703    3.1238
    1.0238    1.0399
r =
    0.0113
   -0.0087
   -0.0102
   -0.0069
    0.0101
   -0.0106
```

```
      -0.0037
      -0.0105
       0.0049
      -0.0136
       0.0057
       0.0163
      -0.0023
       0.0110
       0.0071
   rint =
      -0.0087      0.0314
      -0.0303      0.0128
      -0.0301      0.0098
      -0.0299      0.0162
      -0.0106      0.0308
      -0.0313      0.0102
      -0.0252      0.0178
      -0.0299      0.0089
      -0.0174      0.0272
      -0.0331      0.0058
      -0.0161      0.0275
      -0.0027      0.0354
      -0.0236      0.0190
      -0.0079      0.0299
      -0.0156      0.0298
   stats =
      1.0e+004 *
       0.0001      3.9222      0.0000      0.0000
```

即 $y = -4.515 + 3.097x_1 + 1.0319x_2$ 且 $r^2 = 1.0$, F 检验值 $= 3.9222 > 0$, 与显著性水平 $\alpha = 0.05$ 相关的 $p = 0.0000 < 0.05$. 这说明, 回归方程中的每个自变量的选取都是有意义的.

(3) 残差分析, 作残差图.

```
rcoplot(r,rint)
```

从残差图 (图 6.4) 看出, 所有的残差都在 0 点附近均匀分布, 几乎都位于 $[-0.03, 0.03]$ 内, 即数据中没有强影响点、异常观测点.

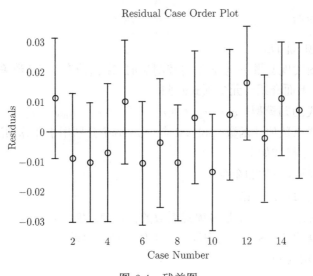

图 6.4　残差图

综合起来看, 以上回归效果比较理想.

(4) 预测:

z=b(1)+b(2)*x1+ b(3)*x2

输出结果:

z=

12.3587

12.6687

12.0102

11.9369

11.0499

13.0406

13.1337

11.4505

12.8551

10.8536

11.1943

11.5437

10.8323

12.6190

12.4529

2. 多项式回归

1) 一元多项式回归

如果散点图发现变量 y 与 x 呈现较明显的二次 (或高次) 函数关系, 则可以选用多项式回归. 下面介绍一元多项式回归.

一元多项式回归模型: $y = a_1 x^n + a_2 x^{n-1} + \cdots + a_n x + a_{n+1}$. MATLAB 中 polyfit 是多项式系数估计函数; polyval 与 polyconf 分别用于计算预测输出及置信区间, 其具体调用格式如下:

(1) 确定多项式系数的命令.

[p,S]=polyfit(x,y,n)

说明: $p = (a_1, a_2, \cdots, a_{n+1})$ 是多项式系数的估计值; 参数 n 设定多项式的最高次数; x, y 为对应数据值; S 是一个矩阵, 用来估计预测误差.

(2) 一元多项式回归命令.

polytool(x,y,n)

此命令为交互式画图工具, 可以画出拟合曲线和 y 的置信区间.

2) 预测和预测误差估计

(1) 命令:

y=polyval(p,x)

求 polyfit 所得的回归多项式在 x 处的预测值 y.

(2) 命令:

[y,delta]=polyconf(p,x,S,alpha)

求 polyfit 所得的回归多项式在 x 处的预测值 y 及预测值的显著性为 1−alpha 的置信区间 $y\pm$ delta; alpha 缺省时为 0.05.

例 6.3 将 17~29 岁的运动员每两岁一组分为 7 组, 每组两人, 测定其旋转定向能力以考察年龄对这种运动能力的影响, 得到数据如表 6.3 所示, 试建立两者之间的关系.

表 6.3　旋转定向能力

年龄	17	19	21	23	25	27	29
第一个人	20.48	25.13	26.15	30	26.1	20.3	19.35
第二个人	24.35	28.11	26.3	31.4	26.92	25.7	21.3

解 设年龄为 x, 旋转定向能力为 y. 绘制散点图 (图 6.5).

在 MATLAB 命令窗口输入

```
x=17:2:29;
x=[x,x]
```

```
y= [20.48,25.13,26.15,30, 26.1,20.3,19.35,24.35,28.11,26.3,31.4,
   26.92,25.7,21.3];
plot(x,y,'*');
```
结果显示散点图明显呈现两端低中间高的形状, 应作二次多项式回归:

$$y = a_1x^2 + a_2x + a_3$$

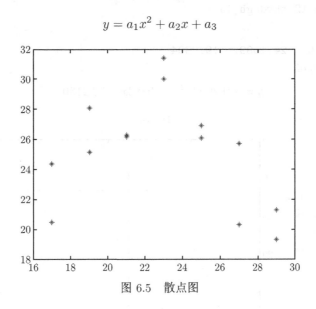

图 6.5 散点图

编写 M 文件 ex63.m 来实现结果, 如图 6.6 所示.
```
x=17:2:29;
x=[x,x]
y= [20.48,25.13,26.15,30, 26.1,20.3,19.35,24.35,28.11,26.3,31.4,
   26.92,25.7,21.3];
[p,S]=polyfit(x,y,2);
p
polytool(x,y,2);
[y,DELTA]=polyconf(p,x,S);
y
```
单击左下方的 Export 按钮, 输出结果:
```
p =
   -0.2003  8.9782  -72.2150

y =
  Columns 1 through 11
```

    22.5243   26.0582   27.9896   28.3186   27.0450   24.1689

    19.6904   22.5243   26.0582   27.9896   28.3186

  Columns 12 through 14

    27.0450   24.1689   19.6904

即得回归方程

$$\hat{y} = -0.2003x^2 + 8.9782x - 72.2150$$

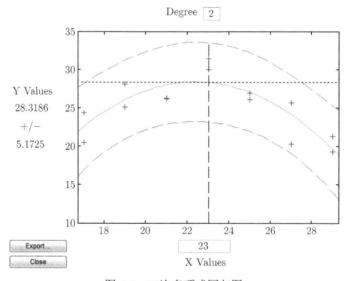

图 6.6   二次多项式回归图

3. 非线性回归

(1) 确定回归系数, 命令:

[beta,r,J]=nlinfit(x,y,'model', beta0)

其中, beta 表示回归系数的估计值; r 表示残差; J 是 Jacobian 矩阵表示估计预测误差需要的数据; x, y 都为 n 维列向量, 表示输入数据; model 表示事先用 M 文件定义的非线性函数; beta0 表示回归系数的初值.

(2) 非线性回归, 命令:

nlintool(x,y,'model', beta0,alpha)

此命令为交互式画图工具, 可以画出拟合曲线和 y 的置信区间.

(3) 预测和预测误差估计, 命令:

[y,delta]=nlpredci('model',x,beta,r,J)

表示 nlinfit 或 nlintool 所得的回归函数在 x 处的预测值 y 及预测值的显著性为 $1-$alpha 的置信区间 $y\pm$ delta.

例 6.4　在化工生产中获得的氯气的分级 y 随生产时间 x 下降, 假定在 $x \geqslant 8$ 时, y 与 x 之间满足非线性模型:

$$y = a + (0.49 - a)\mathrm{e}^{-b(x-8)}$$

现收集 44 组数据, 利用这些数据对上述模型作回归分析, 假定 a, b 的初值分别为 $0.30, 0.02$.

数据:

$x = 8, 8, 10, 10, 10, 10, 12, 12, 12, 14, 14, 14, 16, 16, 16, 18, 18, 20, 20, 20, 20, 22, 22, 24, 24, 24, 26, 26, 26, 28, 28, 30, 30, 30, 32, 32, 34, 36, 36, 38, 38, 40, 42.$

$y = 0.49, 0.49, 0.48, 0.47, 0.48, 0.47, 0.46, 0.46, 0.45, 0.43, 0.45, 0.43, 0.43, 0.44, 0.43, 0.43, 0.46, 0.42, 0.42, 0.43, 0.41, 0.41, 0.40, 0.42, 0.40, 0.40, 0.41, 0.40, 0.41, 0.41, 0.40, 0.40, 0.40, 0.38, 0.41, 0.40, 0.40, 0.41, 0.38, 0.40, 0.40, 0.39, 0.39.$

解　(1) 对将要拟合的非线性模型, 建立 M 文件 funex64.m 如下:

```
function yhat =funex64(beta,x)
    a =beta(1);
    b =beta(2);
    yhat=a+(0.49-a)*exp(-b*(x-8));
```

(2) 输入数据:

```
x=[8, 8, 10, 10, 10, 10, 12, 12, 12, 14, 14, 14, 16, 16, 18,
   18, 20, 20, 20, 20, 22, 22, 24, 24, 24, 26, 26, 26, 28, 28,
   30, 30, 30, 32, 32, 34, 36, 36, 38, 38, 40, 42] ';
y=[0.49, 0.49, 0.48, 0.47, 0.48, 0.47, 0.46, 0.46, 0.45,
   0.43, 0.45, 0.43, 0.43, 0.44, 0.43, 0.43, 0.46, 0.42,
   0.42, 0.43, 0.41, 0.41, 0.40, 0.42, 0.40, 0.40, 0.41,
   0.40, 0.41, 0.41, 0.40, 0.40, 0.40, 0.38, 0.41, 0.40,
   0.40, 0.41, 0.38, 0.40, 0.40, 0.39, 0.39] ';
beta0=[0.30,0.02]';
```

(3) 求回归系数:

```
[beta,r ,J]=nlinfit(x,y,'funex64',beta0);
      beta
```

(4) 运行结果:

```
beta =
    0.3896
    0.1011
```

即得回归模型为

$$y = 0.3896 + 0.1004\mathrm{e}^{-0.1011(x-8)}$$

(5) 预测及作图, 结果如图 6.7 所示.

```
[YY,delta]=nlpredci('funex64',x',beta,r,J);
plot(x,y,'k+',x,YY,'r')
```

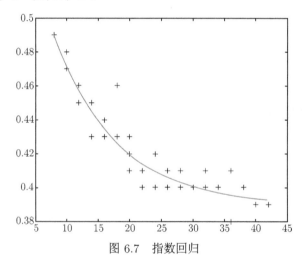

图 6.7   指数回归

4. 逐步回归

实际问题中影响因变量的因素可能很多, 希望从中选出影响显著的自变量来建立回归模型, 这就涉及变量选择的问题. 逐步回归是一种从众多变量中有效地选择重要变量的回归方法.

逐步回归的命令:

```
stepwise(x,y,inmodel,alpha)
```

说明: x 表示自变量数据, 是 $n \times m$ 矩阵; y 表示因变量数据, 是 $n \times 1$ 矩阵; inmodel 表示矩阵的列数指标 (缺省时设定为全部自变量); alpha 表示显著性水平 (缺省时为 0.05).

运行 stepwise 命令时产生一个图形窗口. 该窗口大致分为四部分.

(1) 上面部分的左侧是各项回归系数及其执行区间的图形表示, 其中点表示回归系数的值, 点两边的水平线段表示其置信区间, 蓝色表示当前在模型中的项, 红色表示当前不在模型中的项, 单击线或点会改变其状态;

(2) 上面部分的右侧是回归系数的数值、对应的统计量及 p 值;

(3) 中间部分是一个统计表, 包括模型的统计量剩余标准差 (RMSE)、相关系数 (R-square)、F 值、与 F 对应的概率 p、截距 (Intercept) 即常数项、调整的 R^2(Adj R-sq), 这些值会随着逐步回归的每一步而变化;

(4) 下面部分是 Model History, 显示逐步回归的每一步的剩余标准差 (RMSE).

例 6.5 水泥凝固时放出的热量 y 与水泥中 4 种化学成分 x_1, x_2, x_3, x_4 有关, 今测得一组数据如表 6.4, 试用逐步回归法确定一个线性模型.

表 6.4 热量 y 与 4 种化学成分

序号	1	2	3	4	5	6	7	8	9	10	11	12	13
x_1	7	1	11	11	7	11	3	1	2	21	1	11	10
x_2	26	29	56	31	52	55	71	31	54	47	40	66	68
x_3	6	15	8	8	6	9	17	22	18	4	23	9	8
x_4	60	52	20	47	33	22	6	44	22	26	34	12	12
y	78.5	74.3	104.3	87.6	95.9	109.2	102.7	72.5	93.1	115.9	83.8	113.3	109.4

解 (1) 数据输入:

```
x1=[7 1 11 11 7 11 3 1 2 21 1 11 10]';
x2=[26 29 56 31 52 55 71 31 54 47 40 66 68]';
x3=[6 15 8 8 6 9 17 22 18 4 23 9 8]';
x4=[60 52 20 47 33 22 6 44 22 26 34 12 12]';
y=[78.5 74.3 104.3 87.6 95.9 109.2 102.7 72.5 93.1 115.9 83.8···
    113.3 109.4]';
x=[x1 x2 x3 x4];
```

(2) 逐步回归, 输入:

```
stepwise(x,y)
```

结果如图 6.8 所示.

可以看出, x_4 的 p 值较小, 其对模型影响显著, 移入变量 x_4: 单击直线 4 使其变为蓝色或者单击右上方的 Next Step 按钮即可.

结果如图 6.9, 可以看出, x_1 的 p 值较小, 其对模型影响显著, 移入变量 x_1: 单击直线 1 使其变为蓝色或者单击右上方的 Next Step 按钮即可.

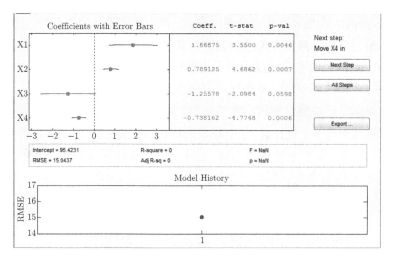

图 6.8   逐步回归截图一

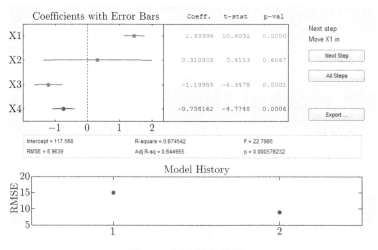

图 6.9   逐步回归截图二

结果如图 6.10 所示.

每一步的剩余标准差 (RMSE) 明显减小, 统计量 F 的值明显增大, 因此新的回归模型更好.

(3) 对变量 y 和 x_1, x_4 作线性回归.

```
x=[ones(13,1) x1 x4];
b=regress(y,x)
```

输出结果:

```
b =
```

```
103.0974
  1.4400
 -0.6140
```

故最终模型为 $y = 103.0974 + 1.44x_1 - 0.614x_4$.

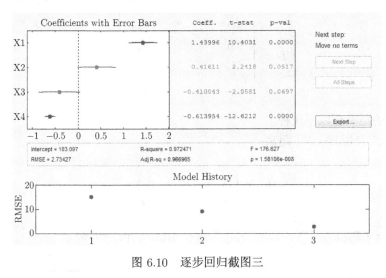

图 6.10 逐步回归截图三

6.3 聚类分析

聚类分析是直接比较各事物之间的性质, 将性质相近的归为一类, 将性质差别较大的归入不同类的分析过程. 从统计学的观点看, 聚类分析是通过数据建模简化数据的一种方法. 聚类的目的是, 根据已知数据, 计算各观察个体或变量之间亲疏关系的统计量 (距离或相关系数). 根据某种准则 (最短距离法、最长距离法、中间距离法、重心法), 使同一类内的差别较小, 而类与类之间的差别较大, 最终将观察个体或变量分为若干类. 传统的统计聚类分析方法包括系统聚类法、分解法、加入法、动态聚类法、有序样品聚类、有重叠聚类和模糊聚类等. 本章主要介绍常用的系统聚类法.

6.3.1 距离与相似系数

样本间的亲疏关系通常用距离描述, 变量间的亲疏关系通常用相似系数或相关系数描述. 不同测量尺度的数据, 其距离的计算方法不同.

1. 距离

假定每个样品由 p 个变量描述, 则每个样品都可以看成 p 维空间中的一个点,

n 个样品就是 p 维空间中的 n 个点, 则第 i 个样品与第 j 个样品之间的距离记为 d_{ij}, d_{ij} 满足下列条件: ① $d_{ij} > 0$, ② $d_{ii} = 0$, ③ $d_{ij} = d_{ji}$, ④ $d_{ij} \leqslant d_{ik} + d_{kj}$. d_{ij} 的值越小, 表示两个样品接近程度越大; d_{ij} 的值越大, 表示两个样品接近程度越小. 把任何两个样品间的距离算出来, 可排成距离矩阵 D:

$$D = \begin{bmatrix} d_{11} & d_{12} & \cdots & d_{1n} \\ d_{21} & d_{22} & \cdots & d_{2n} \\ \vdots & \vdots & & \vdots \\ d_{n1} & d_{n2} & \cdots & d_{nn} \end{bmatrix}$$

常用的距离有以下几种.

1) 闵氏 (Minkowski) 距离

$$d_{ij} = \left(\sum_{k-1}^{p} |x_{ik} - x_{jk}|^q \right)^{\frac{1}{q}}$$

当 $q = 1$ 时, $d_{ij} = \sum_{k=1}^{p} |x_{ik} - x_{jk}|$ 为汉明 (Hamming) 距离.

当 $q = 2$ 时, $d_{ij} = \sqrt{(x_{i1} - x_{j1})^2 + (x_{i2} - x_{j2})^2 + \cdots + (x_{ip} - x_{jp})^2} = \left(\sum_{k=1}^{p} (x_{ik} - x_{jk})^2 \right)^{1/2}$ 为欧氏 (Euclidean) 距离.

当 $q = \infty$ 时, $d_{ij}(\infty) = \max_{1 \leqslant k \leqslant p} |x_{ik} - x_{jk}|$ 为切比雪夫 (Chebyshev) 距离.

闵氏距离的缺点在于: ① 各指标同等对待 (权数相同), 不能反映各指标变异程度上的差异; ② 距离的大小与各指标的观测单位有关, 有时会出现不合理结果; ③ 没有考虑指标之间的相关性.

2) 马氏 (Mahalanobis) 距离

马氏距离考虑了协方差, 且不受指标测量单位的影响:

$$d_{ij}^2 = (x_i - x_j)^{\mathrm{T}} \Sigma^{-1} (x_i - x_j)$$

其中 Σ 为 p 维随机向量的协方差矩阵.

马氏距离排除了指标之间相关性的干扰, 且不受指标的观测单位影响. 此外, 若将原始数据作了线性变换, 其马氏距离不变.

3) 兰氏 (Canberra) 距离

$$d_{ij} = \frac{1}{p} \sum_{k=1}^{p} \frac{|x_{ik} - x_{jk}|}{x_{ik} + x_{jk}}$$

兰氏距离仅适用于一切 $x_{ij} > 0$ 的情况, 有助于避免指标间观测单位的影响, 但没有考虑指标之间的相关性.

2. 相似系数

1) 夹角余弦

用 C_{ij} 表示第 i 个样品与第 j 个样品之间的夹角余弦:

$$C_{ij} = \frac{\sum_{k=1}^{n} x_{ki}x_{kj}}{\left[\left(\sum_{k=1}^{n} x_{ki}^2\right)\left(\sum_{k=1}^{n} x_{kj}^2\right)\right]^{1/2}}$$

2) Pearson 相关系数

用 r_{ij} 表示第 i 个样品与第 j 个样品之间的相关系数:

$$r_{ij} = \frac{\sum_{k=1}^{p} (x_{ik} - \bar{x}_i)(x_{jk} - \bar{x}_j)}{\sqrt{\sum_{k=1}^{p} (x_{ik} - \bar{x}_i)^2 \sum_{k=1}^{p} (x_{jk} - \bar{x}_j)^2}}, \quad |r_{ij}| \leqslant 1$$

6.3.2 聚类分析的 MATLAB 实现

MATLAB 中聚类分析的相关函数如下.

1) pdist 函数

调用格式: Y = pdist(X, 'metric').

作用: 用 'metric' 指定的方法计算 X 数据矩阵中对象之间的距离; X 是 $m \times n$ 矩阵, 由 m 个对象组成的数据集, 每个对象的大小为 n.

'metric' 可以取值为 'euclidean': 欧氏距离 (默认); 'seuclidean': 标准化欧氏距离; 'mahalanobis': 马氏距离; 'minkowski': 闵氏距离; 'cosine': 余弦距离; 'correlation': 相关距离; 'chebychev': 切比雪夫距离等.

2) squareform 函数

调用格式: Z = squareform(Y, ...).

作用: 强制将距离矩阵从上三角形式转化为方阵形式, 或从方阵形式转化为上三角形式.

3) linkage 函数

调用格式: Z = linkage(Y, 'method').

作用: 得到一个包含聚类树信息的 $(m-1) \times 3$ 的矩阵; 用 'method' 参数指定的算法计算系统聚类树. 其中, 'method' 可取值为 'single': 最短距离法 (默认);

'complete': 最长距离法; 'average': 未加权平均距离法; 'weighted': 加权平均法; 'centroid': 质心距离法; 'median': 加权质心距离法; 'ward': 内平方距离法 (最小方差算法).

4) dendrogram 函数

调用格式: $[H,T, \ldots] = \text{dendrogram}(Z,p, \ldots)$.

作用: 生成只有顶部 p (默认值是 30) 个节点的冰柱图 (谱系图).

5) cophenet 函数

调用格式: $c = \text{cophenet}(Z,Y)$.

作用: 计算 linkage 函数生成的 Z 和 pdist 函数生成的 Y 的 cophenet 相关系数.

6) cluster 函数

调用格式: $T = \text{cluster}(Z, \ldots)$.

作用: 对 linkage 函数输出的 Z 创建分类.

7) clusterdata 函数

调用格式: $T = \text{clusterdata}(X, \ldots)$.

作用: 根据数据创建分类, 该函数作用与下面的一组命令等价.

```
Y = pdist(X,'euclid');
Z = linkage(Y,'single');
T = cluster(Z,cutoff);
```

MATLAB 提供了两种方法进行聚类分析: 一种是利用 clusterdata 函数对样本数据进行一次聚类, 其缺点为可供用户选择的面较窄, 不能更改距离的计算方法; 另一种是分步聚类, ① 找到数据集合中变量两两之间的相似性和非相似性, 用 pdist 函数计算变量之间的距离; ② 用 linkage 函数定义变量之间的连接; ③ 用 cophenet 函数评价聚类信息; ④ 用 cluster 函数创建聚类.

1) 一次聚类

clusterdata 函数可以视为 pdist, linkage 与 cluster 的综合, 一般比较简单.

2) 分步聚类

分步聚类依循下列步骤.

(1) 求出变量之间的相似性.

用 pdist 函数计算相似矩阵, 有多种方法可以求距离, 若此前数据还未无量纲化, 则可用 zscore 函数对其标准化.

pdist 生成一个含 $m \times (m-1)/2$ 个元素的行向量, 分别表示 m 个样本两两间的距离, 可以用 squareform 函数将其转化为方阵.

(2) 用 linkage 函数产生聚类树.

linkage 函数返回的 Z 为一个 $(m-1) \times 3$ 的矩阵, 其中前两列为索引标识, 表示哪两个序号的样本可以聚为同一类, 第三列为这两个样本之间的距离. 另外, 除了 m 个样本以外, 对于每次新产生的类, 依次用 $m+1, m+2, \cdots$ 来标识. 为了表示 Z 矩阵, 可以用更直观的聚类树来展示, 方法为: dendrogram(Z), 产生的聚类树是一个 n 型树, 最下边表示样本, 然后一级一级往上聚类, 最终成为最顶端的一类, 纵轴高度代表距离列.

(3) 用 cophenet 函数评价聚类信息.

利用 pdist 函数生成的 Y 和 linkage 函数生成的 Z 计算 cophenet 相关系数.

(4) 用 cluster 进行聚类, 返回聚类列.

例 6.6 根据 2015 年我国主要城市的房地产发展指标 (表 6.5), 对全国 35 个主要城市进行分类. 选取房地产发展指标因子 7 项, 其中 x_1 为房地产开发投资额 (亿元), x_2 为房地产开发住宅投资额 (亿元), x_3 为房地产开发企业施工房屋面积 (万平方米), x_4 为房地产开发企业竣工房屋面积 (万平方米), x_5 为房地产开发企业住宅竣工房屋面积 (万平方米), x_6 为住宅商品房销售面积 (万平方米), x_7 为住宅商品房平均销售价格 (元/平方米).

表 6.5   原始数据表

编号	地区	x_1	x_2	x_3	x_4	x_5	x_6	x_7
1	北京	4177.05	1889.54	12993.08	2631.45	1378.22	1126.84	22300
2	天津	1871.55	1251.53	10230.22	2903.57	2182.99	1674.78	9931
3	石家庄	965.13	635.89	4083.9	417.05	259.91	539.68	7798
4	太原	597.83	437.34	4830.54	423.32	322.01	421.65	7303
5	呼和浩特	509.05	356.35	5574.45	301.29	235.1	321.44	4946
6	沈阳	1337.66	934.97	8341.31	1036.99	768.76	949.88	6416
7	大连	897.46	682.18	4911.5	289.32	233.48	596.67	8711
8	长春	501.32	355.03	6122.45	590.15	434.66	701.78	6374
9	哈尔滨	593.98	413.31	5578.78	1360.56	964.85	807.23	6124
10	上海	3468.94	1813.32	15095.33	2647.18	1588.95	2009.17	21501
11	南京	1429.02	1080.97	7084.44	1449.1	1063.87	1429.18	11260
12	杭州	2472.6	1442.21	11145.9	1665.23	1070.27	1292.35	14748
13	宁波	1228.84	747.55	6737.89	1007.76	613.39	846.92	11022
14	合肥	1259.14	778.73	7199.3	1033.9	709.5	1285.9	7512
15	福州	1381.12	856.65	7800.01	1064.05	745.09	748.99	11333

编号	地区	x_1	x_2	x_3	x_4	x_5	x_6	x_7
16	厦门	774.07	458.7	4333.83	446.65	274.17	345.89	18928
17	南昌	485.37	360.56	4458.93	433.82	346.31	815.99	6955
18	济南	1014.4	725.65	6633.99	615.99	370.55	924.43	7527
19	青岛	1122.35	756.91	8971.23	1523.35	1047.67	1238.99	8437
20	郑州	2000.2	1338.16	10818.24	1076.66	670.5	1695.21	7223
21	武汉	2581.79	1777.93	11062.52	804.58	654.63	2413.77	8404
22	长沙	1006.84	642.21	9304.76	1349.29	949.47	1687.06	5544
23	广州	2137.59	1331.03	9345.57	1511.49	981.3	1344.86	14083
24	深圳	1331.03	897.13	4978.41	360.21	202.37	747.83	33661
25	南宁	657.19	465.04	5174.93	574.97	423.16	878.87	6229
26	海口	456.39	276.14	2571.66	218.89	172.05	330.28	7636
27	重庆	3751.28	2390.49	28985.67	4630.29	3185.9	4477.71	5012
28	成都	2435.25	1472.25	18334.84	1435.73	858.64	2447.13	6584
29	贵阳	1001.03	583.02	6847.81	1405.66	1080	789.79	4967
30	昆明	1451.31	875.87	9200.41	721.96	482.05	1008.25	7178
31	西安	1820.85	1304.6	13332.63	955.62	747.84	1583.53	6221
32	兰州	320.56	211.21	3800.49	194.51	164.8	578.62	6089
33	西宁	280.43	159.04	1893.55	289.88	195.03	260.65	4602
34	银川	409.17	254.1	4231.36	704.68	409.04	454.46	4498
35	乌鲁木齐	366.87	243.52	3755.8	373.19	307.3	465.41	6142

数据来源: 国家统计局.

解 采用欧氏距离和最长距离法进行分类, 编写 MATLAB 程序:

```
x=[4177.05  1889.54  12993.08  2631.45  1378.22  1126.84  22300
1871.55  1251.53  10230.22  2903.57  2182.99  1674.78  9931
965.13  635.89  4083.9  417.05  259.91  539.68  7798
597.83  437.34  4830.54  423.32  322.01  421.65  7303
509.05  356.35  5574.45  301.29  235.1  321.44  4946
1337.66  934.97  8341.31  1036.99  768.76  949.88  6416
897.46  682.18  4911.5  289.32  233.48  596.67  8711
501.32  355.03  6122.45  590.15  434.66  701.78  6374
593.98  413.31  5578.78  1360.56  964.85  807.23  6124
3468.94  1813.32  15095.33  2647.18  1588.95  2009.17  21501
1429.02  1080.97  7084.44 1449.1  1063.87  1429.18  11260
2472.6  1442.21  11145.9  1665.23  1070.27  1292.35  14748
```

1228.84   747.55   6737.89   1007.76   613.39   846.92   11022
1259.14   778.73   7199.3   1033.9   709.5   1285.9   7512
1381.12   856.65   7800.01   1064.05   745.09   748.99   11333
774.07   458.7   4333.83   446.65   274.17   345.89   18928
485.37   360.56   4458.93   433.82   346.31   815.99   6955
1014.4   725.65   6633.99   615.99   370.55   924.43   7527
1122.35   756.91   8971.23   1523.35   1047.67   1238.99   8437
2000.2   1338.16   10818.24   1076.66   670.5   1695.21   7223
2581.79   1777.93   11062.52   804.58   654.63   2413.77   8404
1006.84   642.21   9304.76   1349.29   949.47   1687.06   5544
2137.59   1331.03   9345.57   1511.49   981.3   1344.86   14083
1331.03   897.13   4978.41   360.21   202.37   747.83   33661
657.19   465.04   5174.93   574.97   423.16   878.87   6229
456.39   276.14   2571.66   218.89   172.05   330.28   7636
3751.28   2390.49   28985.67   4630.29   3185.9   4477.71   5012
2435.25   1472.25   18334.84   1435.73   858.64   2447.13   6584
1001.03   583.02   6847.81   1405.66   1080   789.79   4967
1451.31   875.87   9200.41   721.96   482.05   1008.25   7178
1820.85   1304.6   13332.63   955.62   747.84   1583.53   6221
320.56   211.21   3800.49   194.51   164.8   578.62   6089
280.43   159.04   1893.55   289.88   195.03   260.65   4602
409.17   254.1   4231.36   704.68   409.04   454.46   4498
366.87   243.52   3755.8   373.19   307.3   465.41   6142];
x2=zscore(x); %数据标准化
y2=pdist(x2,'euclidean'); %采用欧氏距离
z2=linkage(y2,'complete'); %采用最长距离法
c2=cophenet(z2,y2)
h=dendrogram(z2,35); %生成只有顶部 35 个节点的谱系图(图6.11)

结果: $c_2 = 0.8368$.

把 35 个城市分为 3 类.

第 1 类: 重庆、成都、武汉、西安、郑州、广州、杭州、天津、上海、北京;

第 2 类: 深圳、长沙、青岛、南京、贵阳、哈尔滨、昆明、济南、福州、宁波、合肥、沈阳;

第 3 类: 厦门、西宁、乌鲁木齐、兰州、海口、南宁、南昌、长春、银川、呼和浩特、太原、大连、石家庄.

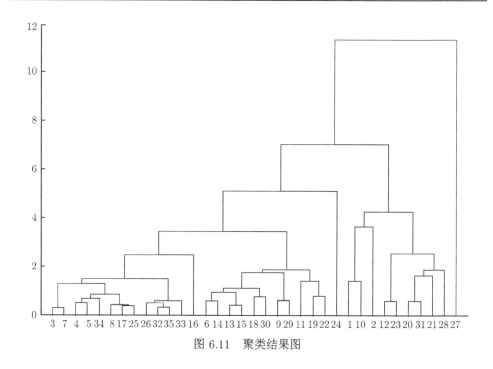

图 6.11   聚类结果图

6.4   主成分分析

主成分分析 (principal components analysis, PCA) 旨在利用降维的思想, 把多指标转化为少数几个综合指标. 它是一个线性变换, 这个变换把数据变换到一个新的坐标系中, 使得任何数据投影的第一大方差在第一个坐标系 (称为第一主成分) 上, 第二大方差在第二个坐标系 (第二主成分) 上, 依次类推. 主成分分析经常减少数据集的维数, 同时保持对数据集的方差贡献最大的特征.

主成分分析以最少的信息丢失为前提, 将众多的原有变量综合成较少的几个综合指标, 通常综合指标 (主成分) 有以下几个特点.

(1) 主成分个数远少于原有变量的个数.

将原有变量综合成少数几个因子之后, 因子可以替代原有变量参与数据建模, 这将大大减少分析过程中的计算工作量.

(2) 主成分能够反映原有变量的绝大部分信息.

因子并不是原有变量的简单取舍, 而是原有变量重组后的结果, 因此不会造成原有变量信息的大量丢失, 并能够代表原有变量的绝大部分信息.

(3) 主成分之间应该互不相关.

通过主成分分析得出的新的综合指标 (主成分) 之间互不相关, 因子参与数据建模能够有效地解决变量信息重叠、多重共线性等给分析应用带来的诸多问题.

6.4.1 主成分分析法的数学模型

主成分分析法是数学上对数据降维的一种方法, 其基本思想是设法将原来众多具有一定相关性的 p 个指标 $X_1, X_2, \cdots, X_p$, 重新组合成一组较少个数的互不相关的综合指标 F_m 来代替原指标, 使其既能最大程度反映原变量代表的信息, 又能保证新指标之间保持相互无关 (信息不重叠).

设 F_1 表示原变量的第一个线性组合所形成的主成分指标, 即

$$F_1 = a_{11}X_1 + a_{21}X_2 + \cdots + a_{p1}X_p$$

每一个主成分所提取的信息量用其方差来度量, 其方差 $\mathrm{Var}(F_1)$ 越大, 表示 F_1 包含的信息越多. 通常希望第一主成分 F_1 所含的信息量最大, 因此在所有的线性组合中选取的 F_1 应该是 $X_1, X_2, \cdots, X_p$ 的所有线性组合中方差最大的, 故称 F_1 为第一主成分. 如果第一主成分不足以代表原来 p 个指标的信息, 那么再考虑选取第二个主成分指标 F_2. 为有效地反映原信息, F_1 已有的信息就不需要再出现在 F_2 中. 即 F_2 与 F_1 要保持不相关, 即协方差 $\mathrm{Cov}(F_1, F_2) = 0$, 所以 F_2 是与 F_1 不相关的 $X_1, X_2, \cdots, X_p$ 的所有线性组合中方差最大的, 故称 F_2 为第二主成分, 依此类推构造出的 $F_1, F_2, \cdots, F_m$ 为原变量指标 $X_1, X_2, \cdots, X_p$ 的第一、第二、$\cdots\cdots$、第 m 个主成分:

$$\begin{cases} F_1 = a_{11}X_1 + a_{12}X_2 + \cdots + a_{1p}X_p, \\ F_2 = a_{21}X_1 + a_{22}X_2 + \cdots + a_{2p}X_p, \\ \qquad\qquad\qquad \cdots\cdots \\ F_m = a_{m1}X_1 + a_{m2}X_2 + \cdots + a_{mp}X_p \end{cases}$$

为了不使 $F_i \, (i = 1, 2, \cdots, m)$ 的方差为无穷大, 要求上述方程组中的系数满足 $a_{1i}^2 + a_{2i}^2 + \cdots + a_{mi}^2 = 1 \, (i = 1, 2, \cdots, p)$. 根据以上分析得知:

(1) F_i 与 F_j 互不相关, 即 $\mathrm{Cov}(F_i, F_j) = 0$;

(2) F_1 是 $X_1, X_2, \cdots, X_p$ 的一切线性组合 (系数满足上述要求) 中方差最大的, 即 F_m 是与 $F_1, F_2, \cdots, F_{m-1}$ 都不相关的 $X_1, X_2, \cdots, X_p$ 的所有线性组合中方差最大者.

定理 6.1 在上述条件下, $(a_{1i}, a_{2i}, \cdots, a_{mi}) \, (i = 1, 2, \cdots, p)$ 是 $X = (X_1, X_2, \cdots, X_p)$ 的协方差矩阵的特征值对应的特征向量, 其中 $X_i = \begin{bmatrix} x_{1i} \\ x_{2i} \\ \vdots \\ x_{mi} \end{bmatrix} \, (i = 1, 2, \cdots, p)$.

主成分分析的计算步骤如下.

(1) 对原来的 p 个指标进行标准化, 消除变量的量纲上的影响.

(2) 根据标准化后的数据矩阵求出相关系数矩阵 R:

$$R = \begin{bmatrix} r_{11} & r_{12} & \cdots & r_{1p} \\ r_{21} & r_{22} & \cdots & r_{2p} \\ \vdots & \vdots & & \vdots \\ r_{p1} & r_{p2} & \cdots & r_{pp} \end{bmatrix}$$

其中 $r_{jk} = \dfrac{\sum\limits_{i=1}^{p} (x_{ji} - \bar{X}_j)(x_{ki} - \bar{X}_k)}{\sqrt{\sum\limits_{i=1}^{p} (x_{ji} - \bar{X}_j)^2 \sum\limits_{i=1}^{p} (x_{ki} - \bar{X}_k)^2}}$ 为原来变量 $X_j = (x_{j1}, x_{j2}, \cdots, x_{jp})$ 与

$X_k = (x_{k1}, x_{k2}, \cdots, x_{kp})$ 之间的相关系数.

(3) 求出相关系数矩阵的特征根 $\lambda_i (i = 1, 2, \cdots, p)$ 和对应的特征向量 $\alpha_i (i = 1, 2, \cdots, p)$.

(4) 计算第 i 个主成分的贡献率 $\dfrac{\lambda_i}{\sum\limits_{i=1}^{p} \lambda_i}$ $(i = 1, 2, \cdots, p)$ 及前 l 个主成分的累积

贡献率 $\dfrac{\sum\limits_{k=1}^{l} \lambda_k}{\sum\limits_{i=1}^{p} \lambda_i}$ $(l = 1, 2, \cdots, p)$.

一般取累积贡献率达 85%~95% 的特征根对应的特征向量为第一、第二、$\cdots\cdots$、第 $k (k \leqslant p)$ 个主成分.

(5) 计算主成分载荷

$$a_{ij} = \sqrt{\lambda_i \alpha_{ij}} \quad (i, j = 1, 2, \cdots, p)$$

得到各主成分的载荷矩阵 $A = (a_{ij})_{p \times p}$, 其中 α_{ij} 表示特征向量 α_i 的第 j 个分量.

(6) 对主成分载荷归一化, 使得 $a_{1i}^2 + a_{2i}^2 + \cdots + a_{mi}^2 = 1$ $(i = 1, 2, \cdots, p)$:

$$a_{ik}^* = \dfrac{a_{ik}}{\sqrt{\sum\limits_{k=1}^{p} a_{ik}}} \quad (i = 1, 2, \cdots, p)$$

(7) 写出主成分的表达式.

6.4.2 主成分分析法的 MATLAB 实现

MATLAB 主成分分析步骤有以下几步.

(1) 标准化数据.

stddata=zscore(x)

(2) 求协方差矩阵或相关系数矩阵.

covtrix=cov(stddata) 或 cortrix=corrcoef(stddata)

(3) 求矩阵特征值和相应的特征向量.

[coeff,latent,explained]=pcacov(covtrix) 或 [coeff,latent,
 explained]=pcacov(cortrix)

其中 coeff 表示各个主成分的系数; latent 表示矩阵特征值; explained 表示每个特征向量在观测量总方差中所占的百分数, 也就是各个主成分的贡献率.

(4) 计算主成分贡献率及累积贡献率.

步骤 (3) 中 pcacov 函数中返回的 explained 即主成分贡献率; 累积贡献率为

per=100*cumsum(latent)./sum(latent)

(5) 选取主成分.

(6) 结论解释与推断.

例 6.7 表 6.6 是昆明市 $2006 \sim 2015$ 年十年间的房地产发展情况 (表 6.6), 其中 x_1 为房地产开发投资额 (亿元), x_2 为房地产开发住宅投资额 (亿元), x_3 为房地产开发企业施工房屋面积 (万平方米), x_4 为房地产开发企业竣工房屋面积 (万平方米), x_5 为房地产开发企业住宅竣工房屋面积 (万平方米), x_6 为商品房销售面积 (万平方米), x_7 为住宅商品房销售面积 (万平方米), x_8 为商品房平均销售价格 (元/平方米), x_9 为住宅商品房平均销售价格 (元/平方米), Y 为年份. 根据这些数据对昆明市房地产发展做主成分分析.

表 6.6 原始数据表

Y	x_1	x_2	x_3	x_4	x_5	x_6	x_7	x_8	x_9
2006	188.93	146.76	1568.76	585.42	492.8	913.3	841.67	2903.32	2732.8
2007	228.02	187.62	1884.1	346.39	268.32	928.82	862.27	3108.12	2993.9
2008	274.2	222.31	2177.29	454.21	377.12	585.92	521.45	3750	3499
2009	382.15	301.46	2877.58	741.64	630.43	853.27	782.54	3807	3586
2010	437.14	323.72	3513.74	590.78	455.19	1241.01	1096	3660	3405
2011	633.03	427.61	4443.6	565.62	448.87	1121.3	934.89	4715.23	4550.1
2012	919.07	585.99	5885	629.63	519.25	1051.35	917.73	5744.68	5404.9
2013	1291.7	868.95	7705.66	602.68	499.36	1211.2	1041.4	5795	5615
2014	1492.6	934.93	8772.72	630.54	387.78	1289.37	978.23	6384	6067
2015	1451.31	875.87	9200.41	721.96	482.05	1305.03	1008.25	7393	7178

数据来源: 国家统计局.

解　MATLAB 程序为

```
x=[188.93 146.76 1568.76 585.42 492.8 913.3 841.67 2903.32 2732.8;
228.02 187.62 1884.1 346.39 268.32 928.82 862.27 3108.12 2993.9;
274.2 222.31 2177.29 454.21 377.12 585.92 521.45 3750 3499;
382.15 301.46 2877.58 741.64 630.43 853.27 782.54 3807 3586;
437.14 323.72 3513.74 590.78 455.19 1241.01 1096 3660 3405;
633.03 427.61 4443.6 565.62 448.87 1121.3 934.89 4715.23 4550.1;
919.07 585.99 5885 629.63 519.25 1051.35 917.73 5744.68 5404.9;
1291.7 868.95 7705.66 602.68 499.36 1211.2 1041.4 5795 5615;
1492.6 934.93 8772.72 630.54 387.78 1289.37 978.23 6384 6067;
1451.31 875.87 9200.41 721.96 482.05 1305.03 1008.25 7393 7178];
x=zscore(x);     %数据标准化
R=corrcoef(x);   %计算相关系数矩阵
[coeff,latent,explained]=pcacov(R);
coeff      %各个主成分的系数
latent       %相关系数矩阵特征值
explained  %各个主成分的贡献率
per=100*cumsum(latent)./sum(latent);  %累积贡献率
per
```

输出结果:

```
coeff =
     0.3875    -0.1139    -0.1562     0.2931     0.2423    -0.1137
     0.7896    -0.1042     0.1435
     0.3852    -0.1080    -0.1487     0.5213     0.2609     0.0790
    -0.3766     0.1389    -0.5574
     0.3917    -0.1003    -0.1332     0.1000     0.1156    -0.0436
    -0.4589    -0.0661     0.7607
     0.2541     0.5986     0.0057    -0.4462     0.5209    -0.2959
    -0.0447     0.0718    -0.1091
     0.1044     0.7619     0.0242     0.3993    -0.3920     0.2812
     0.0503    -0.0576     0.0996
     0.3351    -0.1155     0.5145    -0.2604     0.1576     0.7126
     0.0649    -0.0699    -0.0134
     0.2704    -0.0629     0.7261     0.1375    -0.2764    -0.5437
    -0.0289     0.0479    -0.0409
```

```
    0.3789    -0.0631    -0.2715    -0.3085    -0.3881    -0.0840
   -0.0695    -0.6746    -0.2568
    0.3790    -0.0715    -0.2636    -0.3031    -0.4278     0.0440
    0.0986     0.7033    -0.0227
latent =
    6.2881
    1.5640
    0.9988
    0.0811
    0.0626
    0.0034
    0.0009
    0.0007
    0.0002
explained =
   69.8681
   17.3773
   11.0979
    0.9016
    0.6960
    0.0383
    0.0103
    0.0082
    0.0021
per =
   69.8681
   87.2454
   98.3433
   99.2449
   99.9409
   99.9793
   99.9896
   99.9979
  100.0000
```

　　可得昆明市房地产发展情况的第一、第二主成分为

$$F_1 = 0.3875x_1 - 0.1139x_2 - 0.1562x_3 + 0.2931x_4 + 0.2423x_5 - 0.1137x_6 + 0.7896x_7$$
$$\quad - 0.1042x_8 + 0.1435x_9$$

$$F_2 = 0.3852x_1 - 0.108x_2 - 0.1487x_3 + 0.5213x_4 + 0.2609x_5 + 0.079x_6 - 0.3766x_7$$
$$\quad + 0.1389x_8 - 0.5574x_9$$

分析:

　　第一主成分贡献率约为 69.87%, 第二主成分贡献率约为 17.38%, 前两个主成分累积贡献率达 87.25%, 如果按 85% 以上的信息量选取新因子, 则可以选取前两个新因子.

　　第一新因子 F_1 包含的信息量最大为 69.87%, 它的主要代表变量为 $x_1(0.3875$, 房地产开发投资额)、$x_7(0.7896$, 住宅商品房销售面积); 第二新因子 F_2 包含的信息量最大为 17.38%, 它的主要代表变量为 $x_4(0.5213$, 房地产开发企业竣工房屋面积)、$x_9(-0.5574$, 住宅商品房平均销售价格).

6.5　因子分析

　　因子分析 (factor analysis) 是从研究变量的内部依赖关系出发, 把一些具有错综复杂关系的变量归结为少数几个综合因子的一种多变量统计分析方法. 其基本思想是根据相关性大小把原始变量进行分组, 使同组内的变量之间相关性较高, 即联系比较紧密, 而不同组变量间的相关性则较低. 每组变量代表一个基本结构 (即公共因子), 并用一个不可观测的综合变量来表示.

　　对于所研究的问题就是, 试图用最少个数的不可测的所谓公共因子的线性函数与特殊因子之和来描述原始变量. 公共因子是各个原始变量所共有的因子, 解释变量之间的相关关系; 特殊因子则是每个原始变量所特有的因子, 表示该变量不能被公共因子解释的部分; 原始变量与因子分析时取出的公共因子的相关关系用因子载荷表示.

　　主成分分析是通过变量的线性变换, 忽略方差较小的主成分, 提取前面几个方差较大的主成分来解释总体大部分的信息; 而因子分析是忽略特殊因子, 重视少数不可观测的公共因子所代表的总体信息. 因子分析是主成分分析的扩展, 两种方法的出发点都是变量的相关系数矩阵, 都是在损失较少的信息的前提下, 把多个存在较强相关性的变量综合成少数几个综合变量, 这几个综合变量之间相互独立, 能代表总体绝大多数的信息, 从而进行深入研究总体的多元统计方法.

6.5.1　因子分析的数学模型

设有 p 个可能存在相关关系的变量 $X_1, X_2, \cdots, X_p$, 有 m 个独立的公共因子 $F_1, F_2, \cdots, F_m$ $(p \geqslant m)$ 和一个特殊因子 ε_i $(i = 1, 2, \cdots, p)$, ε_i 间互不相关且与 F_j $(j = 1, 2, \cdots, m)$ 也互不相关, 每个 X_i $(i = 1, 2, \cdots, p)$ 可由公共因子和自身对应的特殊因子线性表示, 则因子分析的数学模型为

$$\begin{cases} X_1 = a_{11}F_1 + a_{12}F_2 + \cdots + a_{1m}F_m + \varepsilon_1, \\ X_2 = a_{21}F_1 + a_{22}F_2 + \cdots + a_{2m}F_m + \varepsilon_2, \\ \qquad\qquad \cdots\cdots \\ X_p = a_{p1}F_1 + a_{p2}F_2 + \cdots + a_{pm}F_m + \varepsilon_p \end{cases}$$

写成矩阵形式为

$$\begin{bmatrix} X_1 \\ X_2 \\ \vdots \\ X_p \end{bmatrix} = \begin{bmatrix} a_{11} & a_{12} & \cdots & a_{1m} \\ a_{21} & a_{22} & \cdots & a_{2m} \\ \vdots & \vdots & & \vdots \\ a_{p1} & a_{p2} & \cdots & a_{pm} \end{bmatrix} \begin{bmatrix} F_1 \\ F_2 \\ \vdots \\ F_m \end{bmatrix} + \begin{bmatrix} \varepsilon_1 \\ \varepsilon_2 \\ \vdots \\ \varepsilon_p \end{bmatrix}$$

简记为: $X = AF + \varepsilon$, 其中 $X = (X_1, X_2, \cdots, X_p)^{\mathrm{T}}$, $F = (F_1, F_2, \cdots, F_m)^{\mathrm{T}}$, $\varepsilon = (\varepsilon_1, \varepsilon_2, \cdots, \varepsilon_p)^{\mathrm{T}}$, $A = \begin{bmatrix} a_{11} & a_{12} & \cdots & a_{1m} \\ a_{21} & a_{22} & \cdots & a_{2m} \\ \vdots & \vdots & & \vdots \\ a_{p1} & a_{p2} & \cdots & a_{pm} \end{bmatrix}$ 称为因子载荷矩阵, a_{ij} 是指标 X_i 在公共因子 F_j 上的系数, 称为因子载荷, 其统计含义是指标 X_i 在公共因子 F_j 上的相关系数, 表示 X_i 与 F_j 线性相关程度.

A 中的第 i 行元素 $a_{i1}, a_{i2}, \cdots, a_{im}$ 表示指标 X_i 依赖于各个公共因子的程度, 其平方和 $h_i = \sum\limits_{j=1}^{m} a_{ij}^2$ 称为指标 X_i 的共同度. A 中第 j 列元素 $a_{1j}, a_{2j}, \cdots, a_{pj}$ 表示公共因子 F_j 与各个指标的联系程度, 故常根据该列绝对值较大的因子载荷所对应的指标来解释这个公共因子的实际意义; 第 j 列元素的平方和 $g_j = \sum\limits_{i=1}^{p} a_{ij}^2$ 表示公共因子 F_j 对原始指标所提供的方差贡献的总和, 衡量各个公共因子的相对重要性; 称 $\alpha_j = \dfrac{g_j}{p} = \dfrac{1}{p} \sum\limits_{i=1}^{p} a_{ij}^2$ 为公共因子 F_j 的方差贡献率, α_j 越大, 公共因子 F_j 越重要.

因子分析的基本流程:

(1) 将原始变量数据标准化;

(2) 计算标准化指标的相关系数矩阵 R;

(3) 求解相关系数矩阵 R 的特征值和特征向量;

(4) 确定公共因子的个数, 设为 m 个, 即选择特征值 $\lambda \geqslant 1$ 的个数 m 或根据累积方差贡献率 $\geqslant 85\%$ 的准则所确定的个数 m 为公共因子个数;

(5) 求解因子载荷矩阵.

6.5.2 因子分析的 MATLAB 实现

与因子分析相关的 MATLAB 函数主要有 rotatefactors 和 factoran 函数, 其中 factoran 调用了 rotatefactors 函数. 下面主要介绍 factoran 函数.

factoran 函数用来根据原始数据样本观测数据、样本协方差矩阵或样本相关系数矩阵, 计算因子载荷矩阵 A 的最大似然估计, 求特殊方差的估计、因子旋转矩阵和因子得分, 还能对因子模型进行检验. factoran 函数的调用格式如下.

(1) lambda=factoran(X,m)

返回包含 m 个公共因子的因子模型的载荷矩阵 lambda. 输入参数 X 是 p 行 d 列的矩阵, 每行对应一个观测, 每列对应一个变量; m 是一个正整数, 表示模型中公共因子的个数.

(2) [lambda,psi]=factoran(X,m)

返回特殊方差的最大似然估计 psi, psi 是包含 d 个元素的列变量, 分别对应 d 个特殊方差的最大似然估计.

(3) [lambda,psi,T]=factoran(X,m)

返回 m 行 m 列的旋转矩阵 T.

(4) [lambda,psi,T,stats]=factoran(X,m)

返回一个包含模型检验信息的结构体变量 stats, 模型检验的原假设是 H_0: 因子数为 m. 输出参数 stats 包括 4 个字段, 其中 stats.loglike 表示对数似然函数最大; stats.def 表示误差自由度, 误差自由度的取值为 $\dfrac{(d-m)^2-(d+m)}{2}$; stats.chisq 表示近似卡方检验统计量; stats.p 表示检验 p 值. 对于给定的显著性水平 α, 若检验的 p 值大于显著性水平 α, 则接受原假设 H_0, 说明用含有 m 个公共因子的模型拟合原始数据是合适的; 否则, 拒绝原假设, 说明拟合不合适.

注意: 只有当 stats.def 是正的, 并且 psi 中特殊方差的估计都是正数时, factoran 函数才计算 stats.chisq 和 stats.p. 当输入参数 X 是协方差矩阵或相关系数矩阵时, 若要计算 stats.chisq 和 stats.p 必须指定 'nobs' 参数.

(5) [lambda,psi,T,stats,F]=factoran(X,m)

F 是一个 n 行 m 列的矩阵, 每一行对应一个观测的 m 个公共因子的得分. 如果 X 是一个协方差矩阵或相关系数矩阵, 则 factoran 函数不能计算因子得分. factoran 函数用相同的旋转矩阵计算因子载荷矩阵 lambda 和因子得分 F.

注意: factoran 函数会首先根据原始样本观测数据或样本协方差矩阵计算样本相关系数矩阵, 模型的拟合是在相关系数矩阵的基础上进行的. 为了对模型进行检验, 公共因子的数目 m 应满足

$$(d - m)^2 \geqslant d + m$$

其中 d 为样本的维数.

例 6.8 现有 30 名学生某次考试数学分析 (x_1)、大学物理 (x_2)、计算机基础 (x_3)、大学英语 (x_4)、中国近现代史纲要 (x_5)、大学语文 (x_6) 六门功课成绩 (表 6.7), 以此数据作因子分析.

表 6.7 六门功课成绩

编号	x_1	x_2	x_3	x_4	x_5	x_6	编号	x_1	x_2	x_3	x_4	x_5	x_6
1	65	61	72	84	81	79	16	69	56	67	75	94	80
2	77	77	76	64	70	55	17	77	90	80	68	66	60
3	67	63	49	65	67	57	18	84	67	75	60	70	63
4	80	69	75	74	74	63	19	62	67	83	71	85	77
5	74	70	80	84	81	74	20	74	65	75	60	70	63
6	78	84	75	62	71	64	21	91	74	97	62	71	66
7	66	71	67	52	65	57	22	72	87	72	79	83	76
8	77	71	57	72	86	71	23	82	70	83	68	77	66
9	83	100	79	41	67	50	24	63	70	60	91	85	82
10	86	94	97	51	63	55	25	74	79	95	59	74	59
11	74	80	88	64	73	66	26	66	61	77	62	73	64
12	67	84	53	58	66	56	27	90	82	98	47	71	60
13	81	62	69	56	66	52	28	77	90	85	68	73	76
14	71	64	94	52	61	52	29	91	82	84	54	62	50
15	78	96	81	80	89	76	30	78	84	100	51	60	60

解 编写 MATLAB 程序:

```
x=[65   61   72   84   81   79;
77   77   76   64   70   55;
67   63   49   65   67   57;
80   69   75   74   74   63;
74   70   80   84   81   74;
78   84   75   62   71   64;
66   71   67   52   65   57;
```

```
77   71   57   72   86   71;
83   100  79   41   67   50;
86   94   97   51   63   55;
74   80   88   64   73   66;
67   84   53   58   66   56;
81   62   69   56   66   52;
71   64   94   52   61   52;
78   96   81   80   89   76;
69   56   67   75   94   80;
77   90   80   68   66   60;
84   67   75   60   70   63;
62   67   83   71   85   77;
74   65   75   60   70   63;
91   74   97   62   71   66;
72   87   72   79   83   76;
82   70   83   68   77   66;
63   70   60   91   85   82;
74   79   95   59   74   59;
66   61   77   62   73   64;
90   82   98   47   71   60;
77   90   85   68   73   76;
91   82   84   54   62   50;
78   84   100  51   60   60];
x=zscore(x);    %数据标准化
R=corrcoef(x);  %计算相关系数矩阵
R
[lambda,psi]=factoran(x,2)
```

输出结果:

```
R =
      1.0000    0.4264    0.5266   -0.4578   -0.3590   -0.4225
      0.4264    1.0000    0.3449   -0.2761   -0.2293   -0.2001
      0.5266    0.3449    1.0000   -0.3841   -0.2875   -0.1758
     -0.4578   -0.2761   -0.3841    1.0000    0.7910    0.8504
     -0.3590   -0.2293   -0.2875    0.7910    1.0000    0.8758
     -0.4225   -0.2001   -0.1758    0.8504    0.8758    1.0000
```

```
lambda =
    -0.3554      0.5458
    -0.1531      0.3911
    -0.0606      0.9211
     0.8135     -0.3609
     0.8537     -0.2459
     0.9895     -0.1260
psi =
     0.5758
     0.8236
     0.1480
     0.2080
     0.2108
     0.0050
```

上面命令得出了含 2 个公共因子模型的参数估计结果, lambda 为估计的因子载荷矩阵, psi 为特殊方差的估计值. 为了使结果更直观, 下面换一种方式显示.

程序:

```
head={'功课','因子F1','因子F2'}; %定义表头
varname={'数学分析','大学物理','计算机基础','大学英语','中国近现代
    史纲要','大学语文','<贡献率>','<累积贡献率>'}; %定义变量名
contribut=100*sum(lambda.^2)/6;
                %计算贡献率, 因子载荷矩阵的列元素之和除以维数
cumcont=cumsum(contribut);  %计算累积贡献率
result1=num2cell([lambda;contribut;cumcont]);
result=[head;varname,result1]    %加上表头和变量名, 显示结果
```

输出结果:

```
result =
    '功课'                    '因子F1'           '因子F2'
    '数学分析'                [-0.3554]        [ 0.5458]
    '大学物理'                [-0.1531]        [ 0.3911]
    '计算机基础'              [-0.0606]        [ 0.9211]
    '大学英语'                [ 0.8135]        [-0.3609]
    '中国近现代史纲要'        [ 0.8537]        [-0.2459]
    '大学语文'                [ 0.9895]        [-0.1260]
```

| '<贡献率>' | [42.0524] | [25.0962] |
| '<累积贡献率>' | [42.0524] | [67.1486] |

可以看出, 大学英语、中国近现代史纲要、大学语文在因子 F_1 的载荷较大, 解释为文科因子; 数学分析、大学物理、计算机基础在因子 F_2 的载荷较大, 解释为理科因子.

6.6 层 次 分 析

层次分析法 (analytic hierarchy process, AHP) 是将与决策总是有关的元素分解成目标、准则、方案等层次, 在此基础之上进行定性和定量分析的多准则决策方法. 该方法主要是将决策问题按总目标、各层子目标、评价准则直至具体的备投方案的顺序分解为不同的层次结构, 然后用求解判断矩阵特征向量的办法, 求得每一层次的各元素对上一层次某元素的优先权重, 最后再采用加权和的方法递阶归并各备择方案对总目标的最终权重, 此最终权重最大者即为最优方案. 这里所谓 "优先权重" 是一种相对的量度, 它表明各备择方案在某一特点的评价准则或子目标下优越程度的相对量度, 以及各子目标对上一层目标而言重要程度的相对量度. 层次分析法比较适合于具有分层交错评价指标的目标系统, 而且目标值又难于定量描述的决策问题. 其用法是构造判断矩阵, 求出其最大特征值及其所对应的特征向量, 归一化后, 即为某一层次指标对于上一层次某相关指标的相对重要性权值.

6.6.1 层次分析法的数学模型

1. 相关概念

1) 成对比较矩阵和权向量

假设要比较某一层 n 个因素 $C_1, C_2, \cdots, C_n$ 对上层因素 O 的影响, 每次取两个因素 C_i 和 $C_j (i, j = 1, 2, \cdots, n)$, 用 a_{ij} 表示 C_i 和 C_j 对 O 的影响之比, 全部比较结果用成对比较矩阵 (以下简称成对比较阵) $A = (a_{ij})_{n \times n}$, $a_{ij} > 0$, $a_{ji} = \dfrac{1}{a_{ij}}$ 表示, A 称为正互反矩阵.

一般地, 如果一个正互反矩阵 A 满足: $a_{ij} \cdot a_{jk} = a_{ik}$, $i, j, k = 1, 2, \cdots, n$, 则 A 称为一致性矩阵, 简称一致阵. 容易证明 n 阶一致阵 A 有下列性质:

(1) A 的秩为 1, A 的唯一非零特征根为 n;

(2) A 的任一列向量都是对应于特征根 n 的特征向量.

如果得到的成对比较阵是一致阵, 则取对应于特征根 n 的、归一化的特征向量 (即分量之和为 1) 表示诸因素 $C_1, C_2, \cdots, C_n$ 对上层因素 O 的权重, 这个向量称为权向量. 如果成对比较阵 A 不是一致阵, 但在不一致的容许范围内, 则用对应于 A

的最大特征根 (记作 λ) 的特征向量 (归一化后) 作为权向量 w, 即 w 满足

$$Aw = \lambda w$$

直观地看, 因为矩阵 A 的特征根和特征向量连续地依赖于矩阵的元素 a_{ij}, 所以当 a_{ij} 离一致性的要求不远时, A 的特征根和特征向量也与一致阵的相差不大. 该表示方法称为由成对比较阵求权向量的特征根法.

2) 比较尺度

当比较两个可能具有不同性质的因素 C_i 和 C_j 对于一个上层因素 O 的影响时, 采用 $1 \sim 9$ 尺度, 见表 6.8.

表 6.8　比较尺度

序号	重要性等级	赋值
1	i, j 两元素同等重要	1
2	i 元素比 j 元素稍重要	3
3	i 元素比 j 元素明显重要	5
4	i 元素比 j 元素强烈重要	7
5	i 元素比 j 元素极端重要	9
6	i 元素比 j 元素稍不重要	1/3
7	i 元素比 j 元素明显不重要	1/5
8	i 元素比 j 元素强烈不重要	1/7
9	i 元素比 j 元素极端不重要	1/9

注意: $C_{ij} = \{2, 4, 6, 8, 1/2, 1/4, 1/6, 1/8\}$ 重要性等级介于 $C_{ij} = \{1, 3, 5, 7, 9, 1/3, 1/5, 1/7, 1/9\}$ 中, 这些数字通常是由人们进行定性分析的直觉和判断力而确定的.

3) 一致性检验

成对比较阵通常不是一致阵, 但是为了能用它的对应于特征根 λ 的特征向量作为被比较因素的权向量, 其不一致程度应在容许范围内.

若已经给出 n 阶一致阵的特征根是 n, 则 n 阶正互反阵 A 的最大特征根 $\lambda \geqslant n$, 而当 $\lambda = n$ 时, A 是一致阵. 所以 λ 比 n 大得越多, A 的不一致程度越严重, 用特征向量作为权向量引起的判断误差越大. 因而可以用 $\lambda - n$ 数值的大小衡量 A 的不一致程度. 将

$$\text{CI} = \frac{\lambda - n}{n - 1}$$

定义为一致性指标, 当 $\text{CI} = 0$ 时, A 为一致阵. CI 值越大, 表明判断矩阵偏离完全一致性的程度越大; CI 越小, 表明判断矩阵一致性越好.

为了确定 A 的不一致程度的容许范围, 需要找到衡量 A 的一致性指标 CI 的标准, 又引入所谓随机一致性指标 RI (表 6.9), 计算 RI 的过程是: 对于固定的 n, 随机地构造正互反阵 A', 然后计算 A' 的一致性指标 CI.

表 6.9 中 $n = 1, 2$ 时, RI $= 0$, 是因为 1, 2 阶的正互反阵总是一致阵.

表 6.9　随机一致性指标 RI 的数值

n	1	2	3	4	5	6	7	8	9	10	11
RI	0	0	0.58	0.90	1.12	1.24	1.32	1.41	1.45	1.49	1.51

对于 $n \geqslant 3$ 的成对比较阵 A, 将它的一致性指标 CI 与同阶 (指 n 相同) 的随机一致性指标 RI 之比称为一致性比率 CR, 当

$$\mathrm{CR} = \frac{\mathrm{CI}}{\mathrm{RI}} < 0.1$$

时认为 A 的不一致程度在容许范围之内, 可用其特征向量作为权向量.

对于 A 利用 CI, RI 进行检验称为一致性检验. 当检验不通过时, 要重新进行成对比较, 或对已有的 A 进行修正.

4) 组合权向量

由各准则对目标的权向量和各方案对每一准则的权向量, 计算各方案对目标的权向量, 称为组合权向量. 一般地, 若共有 s 层, 则第 k 层对第一层 (设只有 1 个因素) 的组合权向量满足

$$w^{(k)} = W^{(k)} w^{(k-1)}, \quad k = 3, 4, \cdots, s$$

其中 $W^{(k)}$ 是以第 k 层对第 $k-1$ 层的权向量为列向量组成的矩阵. 于是最下层对最上层的组合权向量为

$$w^{(s)} = W^{(s)} w^{(s-1)} \cdots W^{(3)} w^{(2)}$$

5) 组合一致性检验

用应用层次分析法作重大决策时, 除了对每个成对比较阵进行一致性检验外, 还常要进行所谓组合一致性检验, 以确定组合权向量是否可以作为最终的决策依据.

组合一致性检验可逐层进行. 如第 p 层的一致性指标为 $\mathrm{CI}_1^{(p)}, \cdots, \mathrm{CI}_n^{(p)}$ (n 是第 $p-1$ 层因素的数目), 随机一致性指标为 $\mathrm{RI}_1^{(p)}, \cdots, \mathrm{RI}_n^{(p)}$, 定义

$$\mathrm{CI}^{(p)} = (\mathrm{CI}_1^{(p)}, \cdots, \mathrm{CI}_n^{(p)}) w^{(p-1)}$$

$$\mathrm{RI}^{(p)} = (\mathrm{RI}_1^{(p)}, \cdots, \mathrm{RI}_n^{(p)}) w^{(p-1)}$$

则第 p 层的组合一致性比率为

$$CR^{(p)} = \frac{CI^{(p)}}{RI^{(p)}}, \quad p = 3, 4, \cdots, s$$

第 p 层通过组合一致性检验的条件为 $CR^{(p)} < 0.1$.

定义最下层 (第 s 层) 对第一层的组合一致性比率为

$$CR^* = \sum_{p=2}^{s} CR^{(p)}$$

对于重大项目, 仅当 CR^* 适当地小时, 才认为整个层次的比较判断通过一致性检验.

2. 基本步骤

层次分析法的基本步骤归纳如下.

1) 建立层次结构模型

在深入分析实际问题的基础上, 将有关的各个因素按照不同属性自上而下地分解成若干层次, 如图 6.12 所示. 同一层的诸因素从属于上一层的因素或对上层因素有影响, 同时又支配下一层的因素或受到下层因素的作用, 且同一层的各因素之间尽量相互独立. 最上层为目标层 (最高层): 指问题的决策目标, 通常只有 1 个因素. 最下层通常为方案或对象层, 中间可以有 1 个或多个层次, 通常称为准则或指标层 (中间层): 指影响目标实现的准则, 当准则过多时 (比如多于 9 个) 应进一步分解出子准则层. 最下层是措施层 (最低层): 指促使目标实现的措施.

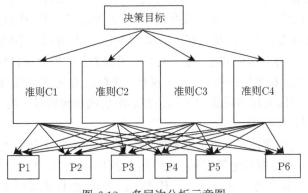

图 6.12 多层次分析示意图

2) 构造成对比较阵

从层次结构模型的第 2 层开始, 对于从属于上一层每个因素的同一层诸因素, 用成对比较法和 $1 \sim 9$ 比较尺度构造成对比较阵, 直到最下层.

3) 计算权向量并做一致性检验

对于每一个成对比较阵计算最大特征根及对应特征向量, 利用一致性指标, 随机一致性指标和一致性比率做一致性检验. 若检验通过, 特征向量 (归一化后) 即为权向量; 若不通过, 重新构造成对比较阵.

4) 计算组合权向量并做组合一致性检验

利用公式计算最下层对目标的组合权向量, 并酌情做组合一致性检验. 若检验通过, 则可按照组合权向量表示的结果进行决策, 否则需重新考虑模型或重新构造那些一致性比率 CR 较大的成对比较阵.

6.6.2　层次分析法的 MATLAB 实现

例 6.9　市政部门管理人员需要对修建一项市政工程项目进行决策, 可选择的方案是修建通往旅游区的高速路 (简称建高速路) 或修建城区地铁 (简称建地铁). 除了考虑经济效益外, 还要考虑社会效益、环境效益等因素, 即是多准则决策问题, 考虑运用层次分析法解决.

解

1. 建立递阶层次结构

在市政工程项目决策问题中, 市政管理人员希望选择不同的市政工程项目, 使综合效益最高, 即决策目标是 "合理建设市政工程, 使综合效益最高 (A)".

为了实现这一目标, 需要考虑的主要准则有三个, 即经济效益 (B1)、社会效益 (B2) 和环境效益 (B3). 但问题绝不这么简单. 通过深入思考, 决策人员认为还必须考虑直接经济效益 (C1)、间接带动效益 (C2)、方便日常出行 (C3)、方便假日出行 (C4)、减少环境污染 (C5)、改善城市面貌 (C6) 等因素 (准则), 从相互关系上分析, 这些因素隶属于主要准则, 因此放在下一层次考虑, 并且分属于不同准则.

假设本问题只考虑这些准则, 接下来需要明确为了实现决策目标, 在上述准则下可以有哪些方案. 根据题中所述, 本问题有两个解决方案, 即建高速路 (D1) 或建地铁 (D2), 这两个因素作为措施层元素放在递阶层次结构的最下层. 很明显, 这两个方案与所有准则都相关.

将各个层次的因素按其上下关系摆放好位置, 并将它们之间的关系用线连接起来. 同时, 为了方便后面的定量表示, 一般从上到下用 A, B, C, D, · · · 代表不同层次, 同一层次从左到右用 1, 2, 3, 4, · · · 代表不同因素. 这样构成的递阶层次结构如图 6.13.

2. 构造判断矩阵并赋值

根据递阶层次结构就能很容易地构造判断矩阵.

构造判断矩阵的方法是每一个具有向下隶属关系的元素 (被称作准则) 作为判断矩阵的第一个元素 (位于左上角), 隶属于它的各个元素依次排列在其后的第一行和第一列.

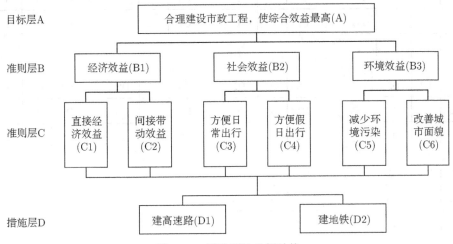

图 6.13　递阶层次分析结构

重要的是填写判断矩阵. 填写判断矩阵的方法有以下几种.

(1) 大多采取的方法是向填写人 (专家) 反复询问 —— 针对判断矩阵的准则, 其中两个元素比较哪个重要, 重要多少, 对重要性程度按 $1 \sim 9$ 赋值 (重要性标度值见表 6.10).

表 6.10　重要性标度含义表

重要性标度	含义
1	表示两个元素相比, 具有同等重要性
3	表示两个元素相比, 前者比后者稍重要
5	表示两个元素相比, 前者比后者明显重要
7	表示两个元素相比, 前者比后者强烈重要
9	表示两个元素相比, 前者比后者极端重要
2, 4, 6, 8	表示上述判断的中间值
倒数	若元素 i 与元素 j 的重要性之比为 a_{ij}, 则元素 j 与元素 i 的重要性之比为 $a_{ji} = 1/a_{ij}$

(2) 征求专家意见, 填写后的判断矩阵如表 6.11 所示.

3. *层次单排序 (计算权向量) 与检验*

对于专家填写后的判断矩阵, 利用一定数学方法进行层次排序, 见表 6.12.

表 6.11　判断矩阵表

A	B1	B2	B3
B1	1	1/3	1/3
B2		1	1
B3			1

B1	C1	C2
C1	1	1
C2		1

B2	C3	C4
C3	1	3
C4		1

B3	C5	C6
C5	1	3
C6		1

C1	D1	D2
D1	1	5
D	2	1

C2	D1	D2
D1	1	3
D2		1

C3	D1	D2
D1	1	1/5
D2		1

C4	D1	D2
D1	1	7
D2		1

C5	D1	D2
D1	1	1/5
D2		1

C6	D1	D2
D1	1	1/3
D2		1

表 6.12　平均随机一致性指标 RI 表 (1000 次正互反矩阵计算结果)

矩阵阶数	1	2	3	4	5	6	7	8
RI	0	0	0.52	0.89	1.12	1.26	1.36	1.41
矩阵阶数	9	10	11	12	13	14	15	
RI	1.46	1.49	1.52	1.54	1.56	1.58	1.59	

计算所得的权向量及检验结果见表 6.13. 可以看出, 所有单排序的 CR < 0.1, 认为每个判断矩阵的一致性都是可以接受的.

表 6.13　层次计算权向量及检验结果表

A	单(总)排序权值	B1	单排序权值	B2	单排序权值	B3	单排序权值
B1	0.1429	C1	0.5000	C3	0.7500	C5	0.7500
B2	0.4286	C2	0.5000	C4	0.2500	C6	0.2500
B3	0.4286	CR	0.0000	CR	0.0000	CR	0.0000
CR	0.0000						

C1	单排序权值	C2	单排序权值	C3	单排序权值	C4	单排序权值
D1	0.8333	D1	0.7500	D1	0.1667	D1	0.8750
D2	0.1667	D2	0.2500	D2	0.8333	D2	0.1250
CR	0.0000	CR	0.0000	CR	0.0000	CR	0.0000

续表

C5	单排序权值	C6	单排序权值
D1	0.1667	D1	0.2500
D2	0.8333	D2	0.7500
CR	0.0000	CR	0.0000

4. 层次总排序与检验

层次总排序及检验结果见表 6.14, 表 6.15. 可以看出, 总排序的 CR< 0.1, 认为判断矩阵的整体一致性是可以接受的.

表 6.14　C 层次总排序 (CR = 0.0000)

C1	C2	C3	C4	C5	C6
0.0714	0.0714	0.3214	0.1071	0.3214	0.1071

表 6.15　D 层次总排序 (CR = 0.0000)

D1	D2
0.3408	0.6592

5. 结果分析

通过对排序结果的分析, 得出最后的决策方案.

从方案层总排序的结果看, 建地铁 (D2) 的权重 (0.6592) 远远大于建高速路 (D1) 的权重 (0.3408), 因此, 最终的决策方案是建地铁.

根据层次排序过程分析决策思路.

对于准则层 B 的 3 个因子, 经济效益 (B1) 的权重最低 (0.1429), 社会效益 (B2) 和环境效益 (B3) 的权重都比较高 (皆为 0.4286), 说明在决策中比较看重社会效益和环境效益.

对于不看重的经济效益, 其影响的两个因子直接经济效益 (C1)、间接带动效益 (C2) 的单排序权重都是建高速路远远大于建地铁; 对于比较看重的社会效益和环境效益, 其影响的四个因子中有三个因子的单排序权重都是建地铁远远大于建高速路. 由此可以推出, 建地铁方案由于社会效益和环境效益较为突出, 权重也会相对突出.

从准则层 C 总排序结果也可以看出, 方便日常出行 (C3)、减少环境污染 (C5) 是权重值较大的, 而如果单独考虑这两个因素, 方案排序都是建地铁远远大于建高速路.

由此可以分析出决策思路, 即决策比较看重的是社会效益和环境效益, 不太看重经济效益. 因此对于具体因子, 方便日常出行和减少环境污染成为主要考虑因素. 对于这两个因素, 都是建地铁方案更佳, 因此, 最终的方案是选择建地铁也就顺理成章了.

6.7   时间序列分析

时间序列分析 (time series analysis) 是一种动态数据处理的统计方法. 该方法基于随机过程理论和数理统计学方法, 研究随机数据序列所遵从的统计规律, 以用于解决实际问题. 它包括一般统计分析 (如自相关分析、谱分析等), 统计模型的建立与推断, 以及关于时间序列的最优预测、控制与滤波等内容. 经典的统计分析都假定数据序列具有独立性, 而时间序列分析则侧重研究数据序列的互相依赖关系. 后者实际上是对离散指标的随机过程的统计分析, 所以又可看作随机过程统计的一个组成部分. 例如, 记录了某地区第 1 个月, 第 2 个月, $\cdots$, 第 N 个月的降水量, 利用时间序列分析方法, 可以对未来各月的降水量进行预报.

时间序列分析是根据系统观测得到的时间序列数据, 通过曲线拟合和参数估计来建立数学模型的理论和方法. 时间序列分析常用在国民经济宏观控制、区域综合发展规划、企业经营管理、市场潜量预测、气象预报、水文预报、地震前兆预报、农作物病虫灾害预报、环境污染控制、生态平衡、天文学和海洋学等方面.

时间序列的变化大体可分解为以下四种.

(1) 趋势变化, 指现象随时间变化朝着一定方向呈现出持续稳定地上升、下降或平稳的趋势.

(2) 周期变化 (季节变化), 指现象受季节性影响, 按一固定周期呈现出的周期波动变化.

(3) 循环变动, 指现象按不固定的周期呈现出的波动变化.

(4) 随机变动, 指现象受偶然因素的影响而呈现出的不规则波动.

时间序列一般是以上几种变化形式的叠加或组合. 时间序列预测方法分为两大类.

一类是确定型的时间序列模型方法. 确定型时间序列预测方法的基本思想是用一个确定的时间函数来拟合时间序列, 不同的变化采取不同的函数形式来描述, 不同变化的叠加采用不同的函数叠加来描述. 具体可分为趋势预测法、平滑预测法、分解分析法等.

另一类是随机型的时间序列分析方法. 随机型时间序列分析法的基本思想是通过分析不同时刻变量的相关关系, 揭示其相关结构, 利用这种相关结构来对时间序列进行预测.

6.7.1 时间序列分析的数学模型

1. 平稳时间序列拟合模型

ARMA (autoregressive moving average model) 模型的全称是自回归滑动平均模型, 它是目前最常用的拟合平稳序列模型. 它又可以细分为自回归 (auto-regression, AR) 模型、滑动平均 (moving average, MA) 模型和 ARMA 模型三大类.

1) 自回归模型 AR(p)

$$X_t = \sum_{j=1}^{p} a_j X_{t-j} + \varepsilon_t, \quad t \in \mathbf{Z}$$

是一个 p 阶自回归模型, 简称为 AR(p) 模型. 满足 AR(p) 模型的平稳时间序列 $\{X_t\}$ 称为平稳解或 AR(p) 序列, 称 $a = (a_1, a_2, \cdots, a_p)^{\mathrm{T}}$ 是 AR(p) 模型的自回归系数.

2) 滑动平均模型 MA(q)

$$X_t = \varepsilon_t + \sum_{j=1}^{q} b_j \varepsilon_{t-j}, \quad t \in \mathbf{Z}$$

是 q 阶滑动平均模型, 简称 MA(q) 模型, 而称由 MA(q) 决定的平稳序列 $\{X_t\}$ 是滑动平均序列, 简称为 MA(q) 序列.

3) 自回归滑动平均 ARMA(p,q) 模型

称差分方程

$$X_t = \sum_{j=1}^{p} a_j X_{t-j} + \sum_{j=0}^{q} b_j \varepsilon_{t-j}, \quad t \in \mathbf{Z}$$

是一个自回归滑动平均模型, 简称 ARMA(p,q) 模型. 称满足 ARMA(p,q) 模型的平稳序列 $\{X_t\}$ 为平稳解或 ARMA(p,q) 序列.

2. 平稳序列建模

假如某个观察值序列通过序列预处理, 可以判定为平稳非白噪声序列, 就可以利用模型对该序列建模 (图 6.14).

(1) 求出该观察值序列的样本自相关系数 (autocorrelation coefficient, ACF) 和样本偏自相关系数 (partial autocorrelation coefficient, PACF) 的值.

(2) 根据样本自相关系数和偏自相关系数的性质, 选择阶数适当的 ARMA(p,q) 模型进行拟合.

(3) 估计模型中未知参数的值.

(4) 检验模型的有效性. 如果拟合模型不能通过检验, 转向步骤 (2), 重新选择模型再拟合.

(5) 模型优化. 如果拟合模型通过检验, 仍然转向步骤 (2), 充分考虑各种可能, 建立多个拟合模型, 从所有通过检验的拟合模型中选择最优模型.

(6) 利用拟合模型, 预测序列将来的走势.

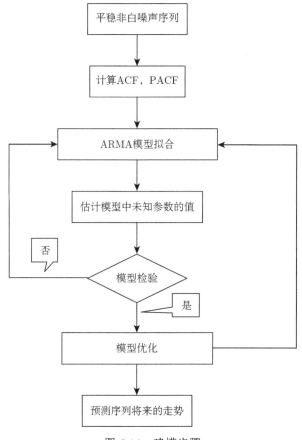

图 6.14　建模步骤

3. 序列预测

所谓预测就是要利用序列已观测到的样本值对序列在未来某个时刻的取值进行估计. 目前对平稳序列最常用的预测方法是线性最小方差预测. 线性是指预测值为观察值序列的线性函数, 最小方差是指预测方差达最小.

1) AR(p) 序列预测

在 AR(p) 序列场合:

$$\hat{x}_t(l) = E(x_{t+l}\,|\,x_t, x_{t-1}, \cdots)$$
$$= E(\phi_1 x_{t+l-1} + \cdots + \phi_p x_{t+l-p} + \varepsilon_{t+l}\,|\,x_t, x_{t-1}, \cdots)$$

$$= \phi_1 \hat{x}_t(l-1) + \cdots + \phi_p \hat{x}_t(l-p)$$

其中

$$\hat{x}_t(k) = \begin{cases} \hat{x}_t(k), & k \geqslant 1, \\ x_{t+k}, & k \leqslant 0 \end{cases}$$

预测方差为: $\mathrm{Var}[e_t(l)] = (1 + G_1^2 + \cdots + G_{l-1}^2)\sigma_\varepsilon^2$.

2) MA(q) 序列预测

对一个 MA(q) 序列 $x_t = \mu + \varepsilon_t - \theta_1\varepsilon_{t-1} - \cdots - \theta_q\varepsilon_{t-q}$ 而言, 有

$$x_{t+l} = \mu + \varepsilon_{t+l} - \theta_1\varepsilon_{t+l-1} - \cdots - \theta_q\varepsilon_{t+l-q}$$

在 $x_t, x_{t-1}, \cdots$ 已知的条件下求 x_{t+l} 的估计值, 就等价于在 $\varepsilon_t, \varepsilon_{t-1}, \cdots$ 已知的条件下求 x_{t+l} 的估计值, 而未来时刻的随机扰动 $\varepsilon_{t+1}, \varepsilon_{t+2}, \cdots$ 是不可预测的, 属于预测误差. 所以

(1) 当预测步长小于等于 MA 模型的阶数 $(l \leqslant q)$ 时, x_{t+l} 可以分解为

$$\begin{aligned} x_{t+l} &= \mu + \varepsilon_{t+l} - \theta_1\varepsilon_{t+l-1} - \cdots - \theta_q\varepsilon_{t+l-q} \\ &= (\varepsilon_{t+l} - \theta_1\varepsilon_{t+l-1} - \cdots - \theta_{l-1}\varepsilon_{t+1}) + (\mu - \theta_l\varepsilon_t - \cdots - \theta_q\varepsilon_{t+l-q}) \\ &= e_t(l) + \hat{x}_t(l) \end{aligned}$$

(2) 当预测步长大于 MA 模型的阶数 $(q < l)$ 时, x_{t+l} 可以分解为

$$\begin{aligned} x_{t+l} &= \mu + \varepsilon_{t+l} - \theta_1\varepsilon_{t+l-1} - \cdots - \theta_q\varepsilon_{t+l-q} \\ &= (\varepsilon_{t+l} - \theta_1\varepsilon_{t+l-1} - \cdots - \theta_q\varepsilon_{t+l-q}) + \mu \\ &= e_t(l) + \hat{x}_t(l) \end{aligned}$$

即 MA(q) 序列 l 步的预测值为

$$\hat{x}_t(l) = \begin{cases} \mu - \displaystyle\sum_{i=l}^{q} \theta_i\varepsilon_{t+l-i}, & l \leqslant q, \\ \mu, & l > q \end{cases}$$

这说明 MA(q) 序列理论上只能预测 q 步之内的序列走势, 超过 q 步预测值恒等于序列均值. 这是由 MA(q) 序列自相关 q 步截尾的性质决定的.

MA(q) 序列预测方差为

$$\mathrm{Var}[e_t(l)] = \begin{cases} (1 + \theta_1^2 + \cdots + \theta_{l-1}^2)\sigma_\varepsilon^2, & l \leqslant q, \\ (1 + \theta_1^2 + \cdots + \theta_q^2)\sigma_\varepsilon^2, & l > q \end{cases}$$

3) ARMA(p,q) 序列预测

在 ARMA(p,q) 模型场合:

$$x_t(l) = E(\phi_1 x_{t+l-1} + \cdots + \phi_p x_{t+l-p} + \varepsilon_{t+l} - \theta_1 \varepsilon_{t+l-1} - \cdots - \theta_q \varepsilon_{t+l-q} \,|\, x_t, x_{t-1}, \cdots)$$

$$= \begin{cases} \phi_1 \hat{x}_t(l-1) + \cdots + \phi_p \hat{x}_t(l-p) - \displaystyle\sum_{i=1}^{q} \theta_i \varepsilon_{t+l-i}, & l \leqslant q, \\ \phi_1 \hat{x}_t(l-1) + \cdots + \phi_p \hat{x}_t(l-p), & l > q \end{cases}$$

其中,

$$\hat{x}_t(k) = \begin{cases} \hat{x}_t(k), & k \geqslant 1, \\ x_{t+k}, & k \leqslant 0 \end{cases}$$

预测方差为: $\mathrm{Var}[e_t(l)] = (G_0^1 + G_1^2 + \cdots + G_{l-1}^2)\sigma_\varepsilon^2$.

6.7.2　时间序列分析的 MATLAB 实现

MATLAB 工具箱中可以通过命令 garchset 指定模型的结构, garchset 的语法为

```
Spec=garchset('属性1',属性1的值,'属性2',属性2的值,…)
```

通过命令 garchfit 对模型中的参数进行估计, garchfit 的语法为

```
[coeff,errors,LLF,innovations,sigmas]=garchfit(spec,series)
```

其中输入参数 spec 指定模型的结构, series 为时间序列的样本观测值, 输出参数 coeff 是模型的参数估计值, errors 是模型参数的标准差, LLF 是最大似然估计法中对数目标函数值, innovations 是残差向量, sigmas 是对应于 innovations 的标准差.

例 6.10　选取 1996~2015 年人均国内生产总值数据如表 6.16, 试对该时间序列进行建模.

表 6.16　1996~2015 年人均国内生产总值

年份	1996	1997	1998	1999	2000	2001	2002	2003	2004	2005
人均国内生产总值/元	5898	6481	6860	7229	7942	8717	9506	10666	12487	14368
年份	2006	2007	2008	2009	2010	2011	2012	2013	2014	2015
人均国内生产总值/元	16738	20505	24121	26222	30876	36403	40007	43852	47203	50251

数据来源: 国家统计局.

解　先画出数据的趋势图 (图 6.15):

```
x=[1996 1997 1998 1999 2000 2001 2002 2003 2004 2005 2006 2007…
   2008 2009 2010 2011 2012 2013 2014 2015];
```

```
y=[5898 6481 6860 7229 7942 8717 9506 10666 12487 14368 16738…
    20505 24121 26222 30876 36403 40007 43852 47203 50251];
plot(x,y)
```

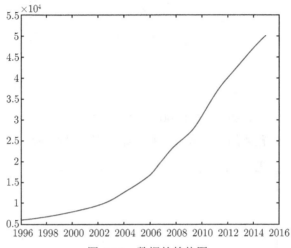

图 6.15 数据的趋势图

可以看出, 这一事件序列是具有明显趋势且不含有周期性变化的经济波动序列, 即为非平稳的时间序列, 对此序列进行建模预测需要用非平稳时间序列分析方法. 采用模型:

$$X_t = \mu_t + Y_t$$

其中 u_t 表示 X_t 中随时间变化的趋势值, Y_t 是 X_t 中剔除 u_t 后的剩余部分.

模型求解如下.

1. 确定性趋势

从图 6.15 中可以判断出人均国内生产总值的确定趋势是呈指数趋势发展的, 因此, $\mu_t = ab^t$, 其中 a,b 为待定参数. 对指数曲线线性化, 即取对数为

$$\ln \mu_t = \ln a + t \ln b$$

编写线性回归分析程序.

```
t=1996:2015;
x=[5898 6481 6860 7229 7942 8717 9506 10666 12487 14368 16738
    20505 24121 26222 30876 36403 40007 43852 47203 50251];
X=[ones(20,1) t'];
y=log(x)';
[B,BINT,R,RINT,STATS]=regress(y,X)
```

```
y2=exp(B(1)+B(2).*t)
plot(t,x,t,y2,'+')
```
输出结果:
```
B =
-239.8159
    0.1244
STATS =
  1.0e+003 *
    0.0010    1.4189    0.0000    0.0000
```
可得用 $\mu_t = ab^t$ 预测的数据散点图和原始数据光滑曲线图 (图 6.16).

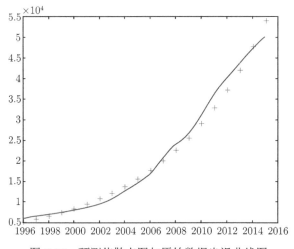

图 6.16　预测值散点图与原始数据光滑曲线图

由图 6.16 可知, 仅用指数回归的效果较差.

2. 随机性趋势

1) 作残差

根据拟合的 μ 值, 求出残差序列 $Y_t = \{X_t - \hat{\mu}_t\} \, (t = 1, 2, \cdots, 20)$, 残差序列图如图 6.17 所示.
```
r=x-y2;
plot(t,r,'o');
```
观察残差序列的散点图可知, 该序列有较大波动性, 可认为是非平稳的, 应该经过多次差分使其平稳.

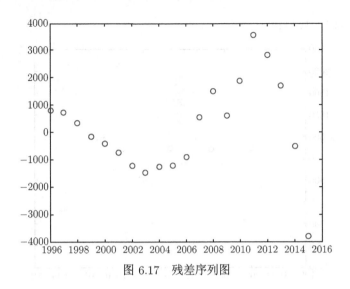

图 6.17 残差序列图

2) 作差分

将残差序列 Y_t $(t = 1, 2, \cdots, 20)$ 进行差分使其平稳化, 观察其差分散点图如图 6.18 所示, 可认为二次差分后序列是平稳的, 得到序列 $\{r_{2t}\}$, 如图 6.19 所示.

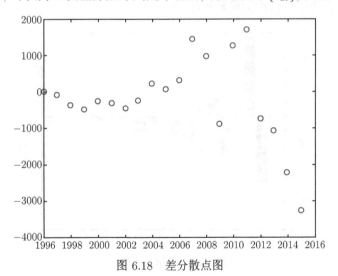

图 6.18 差分散点图

```
r1=diff(r);
r11=[0 r1];
plot(t,r11, 'o');
r2=diff(r1);
r21=[0 0 r2];
```

```
plot(t,r21, 'o');
```

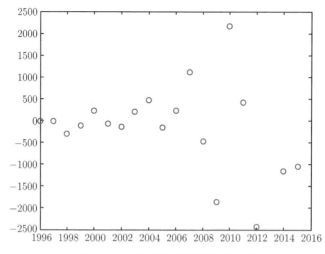

图 6.19　二次差分后的差分散点图

3) w_t 的时间序列分析

序列 $\{w_t\}$ 的样本自相关函数程序 (图 6.20):

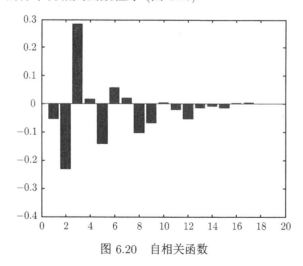

图 6.20　自相关函数

```
w=r2-mean(r2);
gamao=var(w);
for j=1:18
  gama(j)=w(j+1:end)*w(1:end-j)'/18;
end
```

```
rho=gama/gamao
bar(rho)
```

样本偏自相关函数程序 (图 6.21):

```
f(1,1)=rho(1);
for k=2:18
s1=rho(k);s2=1;
for j=1:k-1
s1=s1-rho(k-j)*f(k-1,j);
s2=s2-rho(j) *f(k-1,j);
end
f(k,k)=s1/s2;
for j=1:k-1
f(k,j)=f(k-1,j)-f(k,k)*f(k-1,j);
end
end
pcorr=diag(f)'
bar(pcorr)
```

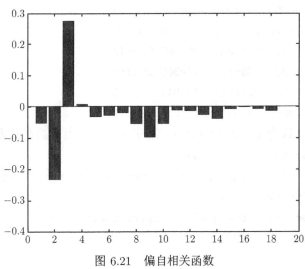

图 6.21 偏自相关函数

模型定阶程序:

```
for i=0:3
for j=0:3
spec=garchset('R',i, 'M',j, 'Display', 'off');
```

```
[coeffX,errorsX,LLFX]=garchfit(spec,w);
num=garchcount(coeffX);
[aic,bic]=aicbic(LLFX,num,18);
fprintf('R=% d,M=% d,AIC=% f, BIC=% f \n',i,j,aic,bic);
end
end
```

输出结果:

```
R=0,M=0,AIC=303.933641, BIC=305.714384
R=0,M=1,AIC=305.589910, BIC=308.261025
R=0,M=2,AIC=302.174698, BIC=305.736185
R=0,M=3,AIC=302.784236, BIC=307.236095
R=1,M=0,AIC=305.801437, BIC=308.472552
R=1,M=1,AIC=307.400098, BIC=310.961585
R=1,M=2,AIC=304.549446, BIC=309.001305
R=1,M=3,AIC=303.297860, BIC=308.640090
R=2,M=0,AIC=304.574288, BIC=308.135775
R=2,M=1,AIC=305.390024, BIC=309.841883
R=2,M=2,AIC=303.610506, BIC=308.952737
R=2,M=3,AIC=302.632225, BIC=308.864827
R=3,M=0,AIC=302.836654, BIC=307.288513
R=3,M=1,AIC=302.859556, BIC=308.201787
R=3,M=2,AIC=304.806661, BIC=311.039263
R=3,M=3,AIC=303.974645, BIC=311.097619
```

由显示结果, 可以认为是 ARMA(1,3) 模型, 并对模型进行参数估计及检验:

```
spec=garchset('R',1, 'M',3);
[coeff,errors,LLF,innovations,sigmas,summary]=garchfit(spec,w)
h=lbqtest(innovations)
[sigmaForecast,x_Forecast]=garchpred(coeff,w,3)
```

得到的结果为 $h = 0$, 说明模型是可用的.

习 题 6

1. 根据 2015 年我国西部地区的居民消费水平指标, 见表 6.17, 对西部地区 12 个省、市、自治区进行分类. 选取六项居民消费水平指标因子, 其中 x_1 为居民消费水平 (元)、x_2 为农村居民消费水平 (元)、x_3 为城镇居民消费水平 (元)、x_4 为居民消费水平指数 (上年 = 100)、x_5

为农村居民消费水平指数 (上年 = 100)、x_6 为城镇居民消费水平指数 (上年 = 100).

表 6.17

	地区	x_1	x_2	x_3	x_4	x_5	x_6
1	内蒙古自治区	20835	11814	26872	104.6	105.4	103.6
2	广西壮族自治区	13857	7439	21076	107.3	110.9	104.4
3	重庆市	18860	8337	25795	110.6	113	108.5
4	四川省	14774	10039	20114	108	111	104.7
5	贵州省	12876	7866	20082	109.9	110.1	106.7
6	云南省	13401	7820	20699	110.9	108.6	109.4
7	西藏自治区	8756	5412	17466	116.1	117.3	109.1
8	陕西省	15363	7944	21877	106.5	108.1	104.2
9	甘肃省	11868	6255	19480	109.6	109	107.1
10	青海省	15167	9109	21217	110.1	108	112
11	宁夏回族自治区	17210	9050	24041	112.5	120	108.2
12	新疆维吾尔自治区	13684	7694	20532	108.4	108.8	106.2

数据来源: 国家统计局.

2. 在制定服装标准的过程中, 对 128 名成年男子的身材进行了测量, 测了六项指标, 身高 (x_1)、坐高 (x_2)、胸围 (x_3)、手臂长 (x_4)、肋围 (x_5) 和腰围 (x_6), 样本相关系数矩阵如表 6.18 所列.

表 6.18 128 名男子身材的六项指标的样本相关系数矩阵

变量	x_1	x_2	x_3	x_4	x_5	x_6
x_1	1	0.79	0.36	0.76	0.25	0.51
x_2	0.79	1	0.31	0.55	0.17	0.35
x_3	0.36	0.31	1	0.35	0.64	0.58
x_4	0.76	0.55	0.35	1	0.16	0.38
x_5	0.25	0.17	0.64	0.16	1	0.63
x_6	0.51	0.35	0.58	0.38	0.63	1

3. 一位同学准备购买一部手机, 他考虑的因素有质量、颜色、价格、外形、实用、品牌等因素, 比较中意的手机有华为 nova 5i、小米 CC9、vivo NEX 3、三星 Galaxy Note10, 但不知选择哪一款为好, 请你建立数学模型给他一个好的建议.

4. 选取 1996~2015 年国内生产总值数据如表 6.19 所示, 试对该时间序列进行建模.

表 6.19　1996~2015 年国内生产总值

年份	1996	1997	1998	1999	2000
国内生产总值/亿元	71813.6	79715	85195.5	90564.4	100280.1

年份	2001	2002	2003	2004	2005
国内生产总值/亿元	110863.1	121717.4	137422	161840.2	187318.9

年份	2006	2007	2008	2009	2010
国内生产总值/亿元	219438.5	270232.3	319515.5	349081.4	413030.3

年份	2011	2012	2013	2014	2015
国内生产总值/亿元	489300.6	540367.4	595244.4	643974	689052.1

数据来源: 国家统计局.

第7章　图像处理与模式识别

7.1　图 像 处 理

7.1.1　图像的读取与显示

数值图像在计算机中用像素表示, 一幅图像可以横纵均匀分割成 M 行 N 列, 则这幅图像的像素是 $M \times N$. 如果是黑白图像则可以用 $M \times N$ 的矩阵来表示, 矩阵的每一元素取值为 0~255, 分别表示黑白的颜色; 如果是彩色图像则用 $M \times N \times 3$ 的立体矩阵表示, M 和 N 还是表示像素点, 每个像素点对应的有 3 个数值, 分别表示三原色. 本书简单考虑黑白图像的情况, 对于彩色甚至真彩色情况可以另外稍加深入学习[4]. 为了加深理解, 下面通过例子来学习. 在 MATLAB 中对于 bmp 格式的图像文件可以用 imread 命令把图像文件读入程序 (计算机内存).

例如, 一个黑白图像文件, 文件名为: 000.bmp, 文件中保存的图像如图 7.1 所示.

在操作系统中, 可以通过右击图像文件, 选择 "属性" "详细信息" 命令, 查看到该图片的像素是 180×72, 即 180 行、72 列.

图 7.1　000.bmp

在 MATLAB 提示符下可以输入:

```
>>Fig = imread('E:\test\000.bmp');
>>whos Fig
>>imshow(Fig)
```

可以看到变量 Fig 刚好对应的是 180 行、72 列的矩阵, 其中参数 E:\test 表示文件 000.bmp 所存放的路径. 然后再打开变量编辑器 (variable editor) 查看 Fig 的值. 显然我们看到, Fig 矩阵左上角附近的元素值基本都是 255, 对应白色, 如图 7.2.

矩阵前几行大约 24 列附近的元素值基本都是 0, 对应黑色, 如图 7.3.

同时我们可以看到, Fig 的类型是 uint8 类型. 该类型取值只能是 0~255. 要显示图像, 可以用 MATLAB 提供的函数 imshow 来实现, 只要把图像对应的矩阵变量作为输入参数传递给 imshow 函数就可以了.

Variable Editor - Fig

File Edit View Graphics Debug Desktop Window Help

Stack: Base   No valid plots for: Fi... ▼

Fig <180x72 uint8>

	1	2	3	4	5	6	7	8	9
1	255	255	255	255	255	255	255	255	255
2	255	255	255	255	255	255	255	255	255
3	255	255	255	255	255	255	255	255	255
4	255	255	255	255	255	255	255	255	255
5	240	255	255	255	255	255	255	255	255
6	246	255	255	255	255	255	255	255	255
7	255	255	255	255	255	255	255	255	255
8	255	255	255	255	255	255	255	255	255
9	255	255	255	255	255	255	255	255	255
10	255	255	255	255	255	255	255	255	255
11	255	255	255	255	255	255	255	255	255
12	255	255	255	255	255	255	255	255	255
13	255	255	255	255	255	255	255	255	255
14	255	255	255	255	255	255	255	255	255
15	255	255	255	255	255	255	255	255	255
16	255	255	255	255	255	255	255	255	255
17	255	255	255	255	255	255	255	255	255
18	255	255	255	255	255	255	255	255	255
19	255	255	255	255	255	255	255	255	255
20	255	255	255	255	255	255	255	255	255
21	255	255	255	255	255	255	192	159	173
22	255	255	255	255	255	255	102	0	0
23	255	255	255	255	255	255	102	0	0
24	255	255	255	255	255	255	102	0	0
25	255	255	255	255	255	255	113	27	40

图 7.2　Fig 的值 (白)

Variable Editor - Fig

File Edit View Graphics Debug Desktop Window Help

Stack: Base   No valid plots for: Fi... ▼

Fig <180x72 uint8>

	23	24	25	26	27	28	29	30	31	32	33
1	0	0	0	0	0	0	0	0	0	0	0
2	0	0	0	0	0	0	0	0	0	0	0
3	0	0	0	0	0	0	0	0	0	0	0
4	0	0	0	16	126	126	126	126	126	126	125
5	0	0	0	32	255	255	255	255	255	255	255
6	0	0	0	32	255	255	255	255	255	255	255
7	0	0	0	32	255	255	255	255	255	255	255
8	0	0	0	32	255	255	255	255	255	255	255
9	0	0	0	32	255	255	255	255	255	255	255
10	0	0	0	32	255	255	255	255	255	255	255
11	0	0	0	32	255	255	255	255	255	255	255
12	0	0	0	32	255	255	255	255	255	255	255
13	0	0	0	32	255	255	255	255	255	255	255
14	0	0	0	32	255	255	255	255	255	255	255
15	0	0	0	32	255	255	255	255	255	255	255
16	0	0	0	32	255	255	255	255	255	255	255
17	0	0	0	32	255	255	255	255	255	255	255
18	0	0	0	32	255	255	255	255	255	255	255
19	0	0	0	32	255	255	255	255	255	255	255
20	0	0	0	32	255	255	255	255	255	255	255
21	0	0	0	32	255	255	253	251	250	248	247
22	0	0	0	0	0	0	0	0	0	0	0
23	0	0	0	0	0	0	0	0	0	0	0
24	0	0	0	0	0	0	0	0	0	0	0
25	121	123	124	125	124	123	121	120	119	117	116
26	255	255	255	255	255	255	255	255	255	255	255

图 7.3　Fig 的值 (黑)

7.1.2 图像的存储

从前面分析我们可以知道, 图像在计算机内存中以矩阵的方式存储. 黑白图像的像素与矩阵的元素个数一致, 即像素是 $M \times N$, 则对应矩阵也为 $M \times N$; 对于彩色图像则用三维矩阵来表示, 即像素是 $M \times N$, 则对应矩阵为 $M \times N \times 3$, 每一层的元素取值也都是 0~255. 无论是黑白还是彩色, 在 MATLAB 中图像读入后的对应矩阵元素类型都是 uint8 类型. 由于 uint8 的类型取值只能是 0~255, 因此作运算时一定要特别注意. 从图 7.3 可以看到, Fig(4, 26) 的值是 16, Fig(5, 26) 的值是 32, 在 MATLAB 命令窗口可以试验, 用 Fig(4, 26) 减去 Fig(5, 26) 得到的值不是 -16, 而是 0, 如图 7.4 所示.

```
>> Fig (4, 26) − Fig (5, 26)

ans =

     0
```

图 7.4

因此在进行运算时候要考虑类型的转换.

7.1.3 图像的简单处理

对于需要的图像读取到内存, 并以矩阵方式存储后, 可以对图像对应的矩阵进行分析处理. 下面以全国大学生数学建模竞赛中涉及的图像问题为例来学习图像的简单处理.

例 7.1 2014 年高教社杯全国大学生数学建模竞赛 A 题: 嫦娥三号软着陆轨道设计与控制策略.

嫦娥三号于 2013 年 12 月 2 日 1 时 30 分成功发射, 12 月 6 日抵达月球轨道. 嫦娥三号在着陆准备轨道上的运行质量为 2.4t, 其安装在下部的主减速发动机能够产生 1500N 到 7500N 的可调节推力, 其比冲 (即单位质量的推进剂产生的推力) 为 2940m/s, 可以满足调整速度的控制要求. 在四周安装有姿态调整发动机, 在给定主减速发动机的推力方向后, 能够自动通过多个发动机的脉冲组合实现各种姿态的调整控制. 嫦娥三号的预定着陆点为 19.51W, 44.12N, 海拔为 -2641m.

嫦娥三号在高速飞行的情况下, 要保证准确地在月球预定区域内实现软着陆, 关键问题是着陆轨道与控制策略的设计. 其着陆轨道设计的基本要求: 着陆准备轨道为近月点 15km, 远月点 100km 的椭圆形轨道; 着陆轨道为从近月点至着陆点, 其软着陆过程共分为 6 个阶段, 要求满足每个阶段在关键点所处的状态; 尽量减少软着陆过程的燃料消耗.

根据上述的基本要求, 请你们建立数学模型解决下面的问题:

(1) 确定着陆准备轨道近月点和远月点的位置, 以及嫦娥三号相应速度的大小与方向.

(2) 确定嫦娥三号的着陆轨道和在 6 个阶段的最优控制策略.

(3) 对于你们设计的着陆轨道和控制策略做相应的误差分析和敏感性分析 (各附件材料参考 2014 年 A 赛题).

(4) 粗避障段.

粗避障段的范围是距离月面 2400m 到 100m, 其主要是要求避开大的陨石坑, 实现在设计着陆点上方 100m 处悬停, 并初步确定落月地点.

嫦娥三号在距离月面 2400m 处对正下方月面 2300m×2300m 的范围进行拍照, 获得数字高程图如图 7.5 所示 (相关数据文件参考 2014 年高教社杯全国大学生数学建模竞赛 A 题), 并设定嫦娥三号在月面的垂直投影位于预定着陆区域的中心位置. 该高程图的水平分辨率是 1m/像素, 其数值的单位是 1m. 例如, 数字高程图中第 1 行、第 1 列的数值是 102, 则表示着陆区域最左上角的高度是与 102 线性正相关的某一数值.

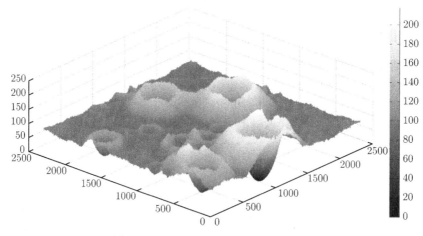

图 7.5　距月面 2400m 处的数字高程图

(5) 精细避障段.

精细避障段的范围是距离月面 100m 到 30m. 要求嫦娥三号悬停在距离月面 100m 处, 对着陆点附近区域 100m 范围内拍摄图像, 并获得三维数字高程图. 分析三维数字高程图, 避开较大的陨石坑, 确定最佳着陆地点, 实现在着陆点上方 30m 处水平方向速度为 0m/s. 图 7.6 是在距离月面 100m 处悬停拍摄到的数字高程图 (参考 2014 年高教社杯全国大学生数学建模竞赛 A 题).

主要在避障阶段, 即飞行器在即将降落月球表面时, 要根据镜头所拍摄到的地面图像选择一个合适的着陆点进行着陆.

解　问题分析

月球由于没有大气层保护, 月球表面受到陨石撞击, 会留下很多坑洼. 飞行器在月球表面降落后, 通常还会放出科学探测小车到处逛逛采集一些土壤样本进行分析等任务. 因此要求的着陆点最好是比较平坦, 否则就容易侧翻, 到时打 110 报警, 交警也无能为力. 这样, 我们可以明确要解决的着陆点问题:

(1) 根据图像找出最平坦的区域;

(2) 这个区域不是一个坑或高地.

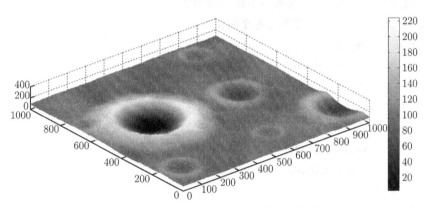

图 7.6 距离月面 100m 处的数字高程图

解决思路

从图 7.5 和图 7.6 可以看出, 比较平坦的区域黑白颜色深度相接近, 这意味着图像对应的矩阵的元素值大小接近. 如何衡量一个区域的元素值之间差异大小呢? 我们容易想到用方差指标. 方差指标可以表示平坦程度, 但又如何避免这是一个坑或高地呢? 我们可以考虑该小区域的矩阵平均值和整个图像的平均值做比较. 若与整个图像的平均值相差过大, 则表示为坑或高地.

算法步骤

根据前面的分析, 设计如下步骤.

步骤 1: 读入图像到内存中, 存储为对应矩阵.

步骤 2: 把矩阵分割成 $M \times N$ 小区域.

步骤 3: 计算整个矩阵所有元素的平均值.

步骤 4: 计算每个小区域对应矩阵的方差和平均值.

步骤 5: 选择方差较小且平均值接近的区域 (小于给定的阈值).

MATLAB 程序

```
clc; clear all; close all;
seg_rn = 10; %图片行分割数
seg_cn = 10; %图片列分割数
var_seg = zeros(seg_rn,seg_cn);      %存储每个小区域方差
```

```matlab
avrg_seg = zeros(seg_rn,seg_cn);  %存储每个小区域平均值
avrg_all = -1;  %存储整个区域平均值
pic_mtx = imread('E:\test\2400m.tif'); %把图片读为矩阵
[M,N] = size(pic_mtx);        %计算图片尺寸
step_r = M/seg_rn;   %每个小区域的行高
step_c = N/seg_cn;   %每个小区域的列宽
yz = 15;              %平均高度阈值
for n =1:seg_cn
    for m = 1:seg_rn
        tmp
        pic_mtx((n-1)*step_r+1:n*step_r,
            (m-1)*step_c+1:m*step_c);
        var_seg(n,m) = var(double(tmp(:)));
        avrg_seg(n,m) = mean(double(tmp(:)));
    end
end
avrg_all = mean(mean(pic_mtx));  %计算整体均值

idx = sort(var_seg(:));      %对方差进行索引
lkp = 1;
k =1;
while lkp <=3      %找出三个平均高度小于阈值且方差最小的三个区域
    [r,c] = find(var_seg==idx(k));     %从方差最小处开始逐个查找
    if abs(avrg_seg(r,c) - avrg_all)<yz %如果平均高度满足阈值则记录
        a(lkp) = r;
        b(lkp) = c;
        lkp = lkp + 1;
    end
    k = k + 1;
end
```

结果, 见表 7.1 及表 7.2.

整体均值为: 104.38.

选出的第一、二、三备降区域分别为: (1,10), (8, 9), (3,8).

表 7.1 各小区域方差表

	1	2	3	4	5	6	7	8	9	10
1	321.99	300.50	431.01	1247.16	2845.22	756.91	536.79	10.13	14.01	7.97
2	1122.10	1471.29	127.93	1628.97	2056.96	1011.18	419.36	20.62	10.55	16.37
3	630.18	844.29	112.58	546.02	386.26	752.22	143.46	8.35	15.43	10.24
4	133.50	120.68	118.28	207.74	143.47	41.40	268.28	385.68	101.36	10.35
5	15.99	46.84	235.45	202.05	56.48	211.86	898.08	2342.44	407.15	28.92
6	13.08	9.66	22.65	31.52	9.60	290.75	1850.10	1740.56	509.47	55.07
7	418.68	88.99	40.20	54.87	265.40	193.38	153.12	401.94	314.23	11.90
8	213.73	89.19	27.40	29.22	518.48	1148.17	318.53	27.92	8.07	8.96
9	9.65	11.47	19.16	29.53	292.65	992.85	359.31	17.27	20.31	12.85
10	10.67	10.12	14.62	34.23	33.77	117.50	21.02	19.07	19.46	23.51

表 7.2 各小区域均值表

	1	2	3	4	5	6	7	8	9	10
1	114.79	115.40	119.67	148.10	77.45	155.56	113.63	95.02	93.01	95.44
2	98.52	112.99	130.73	140.40	59.40	152.39	117.91	91.12	94.21	90.81
3	127.37	96.97	109.84	140.28	151.27	139.32	98.60	93.03	91.23	93.46
4	97.47	106.23	105.23	100.55	99.03	95.40	106.41	116.42	99.32	92.05
5	93.27	93.08	99.60	100.13	95.14	108.53	131.98	121.68	136.14	94.70
6	94.40	91.10	92.16	93.53	91.98	112.94	114.90	68.12	144.56	100.59
7	93.44	99.88	95.36	95.54	104.24	116.45	136.56	143.02	106.48	93.40
8	101.13	95.94	90.38	95.42	118.12	81.90	121.72	94.40	91.97	91.55
9	89.97	90.42	90.99	90.23	116.11	113.02	108.04	93.87	91.73	91.28
10	95.94	91.17	93.11	95.44	96.63	101.22	92.68	92.25	90.86	91.50

例 7.2 2013 年高教社杯全国大学生数学建模竞赛 B 题: 碎纸片的拼接复原.

破碎文件的拼接在司法物证复原、历史文献修复以及军事情报获取等领域都有着重要的应用. 传统上, 拼接复原工作需由人工完成, 准确率较高, 但效率很低. 特别是当碎片数量巨大, 人工拼接很难在短时间内完成任务. 随着计算机技术的发展, 人们试图开发碎纸片的自动拼接技术, 以提高拼接复原效率. 请讨论以下问题.

(1) 对于给定的来自同一页印刷文字文件的碎纸机破碎纸片 (仅纵切), 建立碎纸片拼接复原模型和算法, 并针对竞赛题目提供的中、英文各一页文件的碎片数据进行拼接复原. 如果复原过程需要人工干预, 请写出干预方式及干预的时间节点. 复原结果以图片形式及表格形式表达 (参考 2013 年高教社杯全国大学生数学建模竞赛 B 题格式).

(2) 对于碎纸机既纵切又横切的情形, 请设计碎纸片拼接复原模型和算法, 并针对竞赛题目提供的中、英文各一页文件的碎片数据进行拼接复原. 如果复原过程需要人工干预, 请写出干预方式及干预的时间节点. 复原结果表达要求同上.

(3) 上述所给碎片数据均为单面打印文件, 从现实情形出发, 还可能有双面打印文件的碎纸片拼接复原问题需要解决. 竞赛题提供的是一页英文印刷文字双面打印文件的碎片数据. 请尝试设计相应的碎纸片拼接复原模型与算法, 并给出拼接复原结果, 结果表达要求同上.

本题中涉及碎纸片的拼接问题, 每一张碎纸片被扫描后保存成一个图像文件, 将通过计算机来实现碎纸片的自动拼接或辅助拼接.

解　问题分析

通过前面学习, 我们知道图片文件读入程序后可以表示成矩阵, 而这里数量多, 因此会涉及批量读取多个图片文件的问题. 批量读取图片文件后还涉及多个文件在内存中存储的问题. 解决了读取和存储问题后, 还将考虑这些图片 (对应成矩阵) 的自动排序问题, 这也是该题最核心的部分. 实现了自动排序后, 还需要将这些矩阵以图像的方式进行输出显示. 这样可以明确要解决的三个问题为:

(1) 批量图片文件读取并存储为对应矩阵;

(2) 图片的自动排序;

(3) 排序后图片的整体输出显示.

解决思路

对于第 1 个问题, 我们知道 MATLAB 中用 imread 命令时要提供文件所在路径和文件名, 因此要实现如何获得文件的路径信息以及文件名的信息. MATLAB 中提供 uigetdir 函数获取路径信息; 用 dir 函数可以批量获取文件相关信息, 其中包括文件名信息. 对于第 2 个问题, 先考虑手工拼接的过程. 两张纸片能否拼在一起, 主要看边界处能否很好的衔接, 类似于函数的连续性问题. 于是我们可以考虑建立边界处的匹配指标, 把每张图片对应的矩阵的最右边一列作为一个向量, 计算和其他所有图片最左边向量的接近程度, 这可以通过两个向量的距离 (或范数) 来刻画. 在求得的 18 个距离中, 取距离最小的那个作为该图片的右边拼接图. 这样就得到这 19 个转移关系或转移矩阵. 由于该转移关系是封闭的, 因此要实现第 3 个问题时需要找到起始点, 即最左边的第一张图片. 结合该题的特点, 可以通过统计每张图片最左侧白色点数目最多的作为第一张. 对于第 3 个问题, MATLAB 中可以通过矩阵拼接的方式实现整个图片的整体输出显示. 例如, C = [A, B] 则实现了 A 矩阵和 B 矩阵的拼接.

算法步骤

步骤 1: 获取图片存储路径信息;

步骤 2: 获取所有图片文件名信息;

步骤 3: 把所有图片分层存储成三维矩阵;

步骤 4: 计算每一矩阵最后一列与其他所有矩阵第一列的距离 d_{ij};

步骤 5: 寻找每一行的最小值, 并记录最小值所在位置;

步骤 6: 寻找第一张图片位置;

步骤 7: 整体矩阵拼接输出.

MATLAB 程序

```
clc; clear all; close all;
File_num = 19;          % 碎纸片文件数
Rows = 1980;            % 矩阵行数(与图片纵向像素数一致)
Columns = 72;           % 矩阵列数(与图片横向像素数一致)
Dij = zeros(File_num,File_num+3);  % 匹配矩阵及转移关系
Left_whtp = zeros(File_num,1);     % 存储最左边白点数
R = [ ];                % 存储所有图片的矩阵(三维)
%========把文件读入R三维矩阵==============%
srcDir=uigetdir('Choose source directory.'); %获得选择的文件夹
cd(srcDir);                      %转到当前所在工作目录
allnames=struct2cell(dir('*.bmp')); %获取当前目录下所有bmp文件信息
[k,len]=size(allnames);          %获得bmp文件的个数
for n=1:len                      %逐个取出图片文件
    R(:,:,n) =imread(allnames{1,n});
end
%=========寻找第一个图片===========%
for i=1:File_num                      %计算每张图片左侧白点数
    Left_whtp(i) = sum(R(:,1,i)>254);
end
first_n = find(Left_whtp==max(Left_whtp)); %定位白点数最大文件位置
%============生成转移关系==================%
Dij(:,20) = (1:File_num)';
for cr = 1:File_num
    for k=1:File_num
        Dij(cr,k) = norm(R(:,Columns,cr)-R(:,1,k),1)/Rows;
    end
    Dij(cr,21) = find(Dij(cr,1:File_num)==min(Dij(cr,1:File_num)));
        %寻找向量距离最小值
end
```

```
%======以下生成拼接顺序==============%
Dij(1,22) = first_n;
for i = 2:19
    Dij(i,22) = Dij(Dij(i-1,22),21);
end
%======以下进行图片拼接并显示图片====%
full = [ ];
for i=1:File_num
    full = [full,R(:,:,Dij(i,22))];
end
%=====显示图片==============%
imshow(full)
```

程序运行结果如图 7.7 所示.

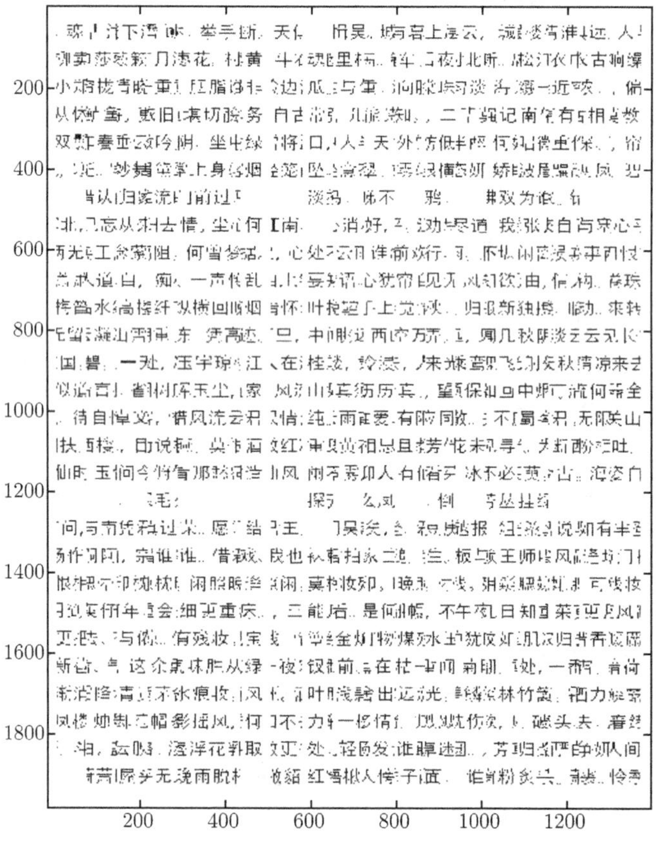

图 7.7　程序运行结果

原来的图片按文件顺序显示, 拼接顺序如表 7.3 所示.

表 7.3

9	15	13	16	4	11	3	17	2	5	6	10	14	19	12	8	18	1	7

表 7.3 中数字表示图片文件编号. 完整拼接后显示为图 7.8.

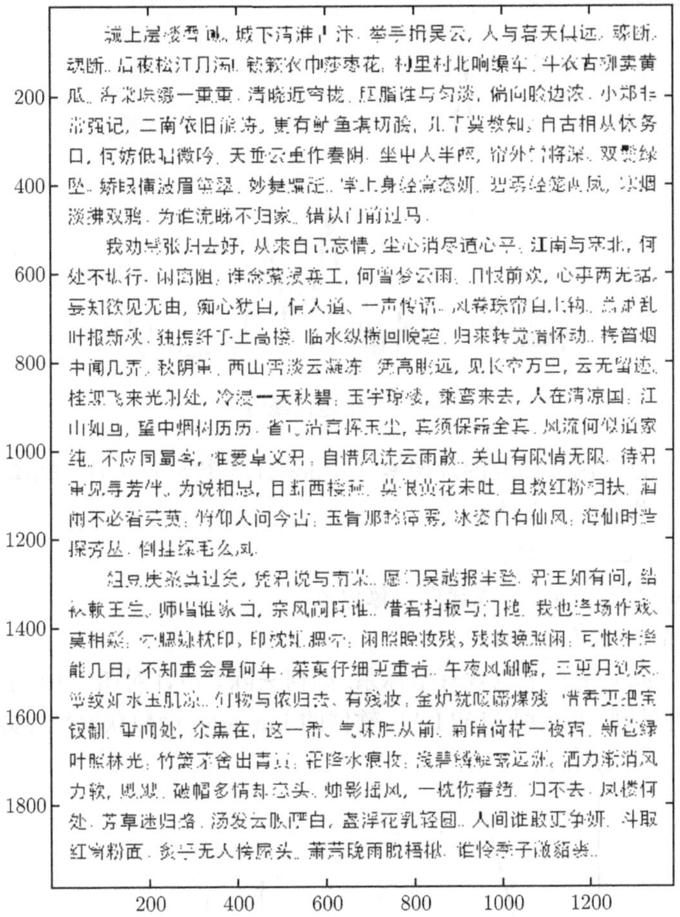

图 7.8　完整拼接后的图

7.2　图像特征提取

特征提取是模式识别和图像处理的一个基本概念, 根据不同的需要, 利用计算机提取图像信息. 事实上是对图像上的点按照集合分类, 这些集合由点集、线段或区域构成. 常用的特征包括颜色特征、形状特征、纹理特征、空间关系特征等.

例 7.3   如果已知函数表达式, 就可以利用计算机轻易地画出函数图形. 相反, 如果给你一张图片, 里面有函数的图形, 能不能获取其中的数据, 从而进一步构建出函数的表达式呢? 以赛题提供的图片为例, 解决以下几个问题①.

问题 1   如何获取图片中曲线的坐标数据? 请以图 7.9 为例, 运用你的方法获取数据, 并重新绘制图形.

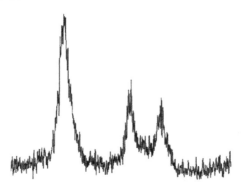

图 7.9   给定曲线图

利用 imread() 函数读取图片像素, imshow() 函数显示图片. 把图 7.9 存储为 01.jpg 的图片, 程序代码如下.

```
clc;clear;close all;
A=imread('01.jpg');  %读取图像像素
imshow(A);  %显示图像
```

问题 2   如果图片中包含有坐标系, 如何去除? 请针对图 7.10、图 7.11 应用你的方法进行处理, 并运用 MATLAB 软件的 imread() 函数获取坐标数据.

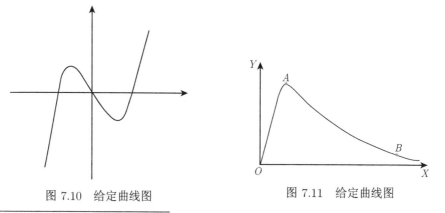

图 7.10   给定曲线图   图 7.11   给定曲线图

---

① 题目来自 2017 年广西民族大学竞赛题 C 题.

imread() 函数读取的像素为 $m \times n \times k$, m, n 分别为矩阵的行和列, k 为图像三个层, 对应图像的三个颜色基色. 如果对图像进行处理, 一次只能处理一个层的像素, 因此需要降维处理. 先人工判断横轴或纵轴像素矩阵中的位置, 作去除处理, 0 对应的是黑色, 255 对应的是白色, 因此读取像素之后 (采用问题 1 的方法, 将图 7.11 中的曲线图保存为 03.jpg 的图片), 先进行二值化处理, 大致判断横轴或纵轴的位置, 把其对应位置的颜色值变为 255 即可.

像素矩阵

$$\begin{array}{c} i_1 \text{ 行} \\ \\ i_k \text{ 行} \\ \\ \\ \end{array} \left(\begin{array}{cccc} a_{11} & a_{12} & \cdots & a_{1n} \\ \vdots & \vdots & & \vdots \\ 255 & 255 & \cdots & 255 \\ \vdots & \vdots & & \vdots \\ a_{m1} & a_{m2} & \cdots & a_{mn} \end{array} \right)_{m \times n} \quad \text{(去横轴)}$$

去横轴方法: 第 i_1 行至第 i_k 行像素值变为 255, 即可去掉横轴, 纵轴的情况类似, 程序代码如下.

```
clc;clear;close all;
A=imread('03.jpg');  %读取图像像素
A1=A(:,:,1);  %降维
A1=A1';
[m,n]=size(A1);
G=[ ];
for i=1:m %二值化
    L=0;
    for j=1:n
        if A1(i,j)>180
            A1(i,j)=255;
        else
            A1(i,j)=0;
            G=[G; [i j] ];
        end
        if A1(i,j)==0
            L=L+1;
        end
    end
    if L>20   %去纵轴
```

```
        A1(i,:)=255*ones(1,n);
    end
end
for j=1:n %去横轴
    L1=0;
    for i=1:m
        if A1(i,j)==0
            L1=L1+1;
        end
    end
    if L1>20
        A1(:,j)=255*ones(m,1);
    end
end
A1=A1';
xlswrite('zb.xls',G,2)
imshow(A1);   %显示图像
```

问题 3   当图片中有多条曲线时, 如何获取每条曲线的坐标数据？请针对图 7.12、图 7.13 应用你的方法, 给出处理的结果. 对图 7.13 中获得的数据进行重新标定, 使得标定后数据的大小与原图中显示的结果尽可能地相符.

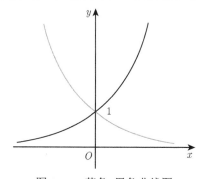

图 7.12   蓝色–黑色曲线图

图 7.12 及图 7.13 的曲线的颜色并不相同, 可以按照不同颜色提取. 把图 7.13 存为 05.jpg 的图片, 设原始图像的像素矩阵为 $A = \mathrm{imread}('05.jpg')$, 提取颜色方法

```
B=(A(:,:,1)<125).*(A(:,:,2)<125).*(A(:,:,3)>125); %提取蓝色线
```

或者

```
A3=(A(:,:,1)>125).*(A(:,:,2)<125).*(A(:,:,3)<125); %提取红色线
```

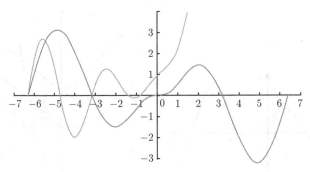

图 7.13 红色–蓝色曲线图

只要像素矩阵的维数不变, 即可使标定后的图像与原图中的图像显示结果相符, 程序代码如下.

```
clc;clear;close all;
A=imread('05.jpg');   %读取文件名为'05.jpg'的文件的图像像素
A3=(A(:,:,1)<125).*(A(:,:,2)<125).*(A(:,:,3)>125); %提取蓝色线
%A3=(A(:,:,1)>125).*(A(:,:,2)<125).*(A(:,:,3)<125); %提取红色线
A33=A3;
[m,n]=size(A3);
G=[ ]; G1=0*ones(size(A));
for i=1:m                  %二值化
    for j=1:n
        if A3(i,j)==1
            A3(i,j)=0;
            G=[G; [i j] ]; %记录坐标值
            G1(i,j,:)=A(i,j,:);
        else
            A3(i,j)=255;
            %G1(i,j,:)=A(i,j,:);
        end
    end
end
xlswrite('zb.xls',G,3)
imshow(G1);   %显示图像
```

问题 4 如何利用获得的坐标数据, 重建函数表达式? 请给出图 7.14、图 7.15

中各曲线的函数表达式.

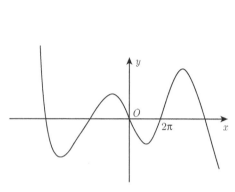

图 7.14　给定曲线图

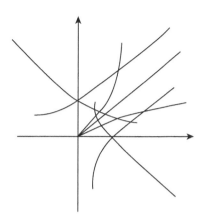

图 7.15　给定曲线图

注意: 在应用您的方法之前, 可以适当地对图片做预处理, 包括手工的处理, 但应该进行说明, 并遵循尽量减少手工处理的原则.

既然可以用手工处理, 把图片存为 06.jpg, 07.jpg 的图片, 用图形处理工具擦除坐标轴及其他图像或曲线, 保留需要的曲线, 读取其像素矩阵, 进行二值化处理 $[0, 255]$, 记录曲线像素为 0 的坐标位置 (x_i, y_j), 然后利用曲线拟合方法进行拟合, 如多项式、指数、对数、幂函数等的最小二乘拟合, 即可重建图像.

习　题　7

1. 在显微图像应用中常需要数出大小粒子的个数. 图 7.16 是一个二值图 (假设粒子不重叠), 图 7.16 中有三种不同大小的粒子. 提出一个形态学算法计算每一种大小的粒子个数. 画出流程图, 并对每一步作出解释.

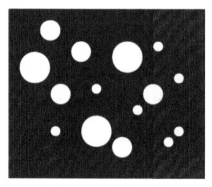

图 7.16　大小粒子二值图

第8章 案 例 分 析

案例教学法, 见图 8.1, 是指在教师的指导下, 对特定的具有代表性的典型案例有针对性地分析、思考和讨论, 做出自己的判断和评价. 这种方法是学生创新型学习中非常高效率的一种学习方法. 学生由于受知识水平的限制, 所学知识暂时无法融会贯通, 必须从实际案例出发, 引导学生由浅入深, 由简至繁的分析, 大胆探索和实践, 寻求可以解决问题的方法. 在解决问题的过程中同时逐步扩展、补充所需知识, 特别是提升编程的能力, 达到举一反三的目的.

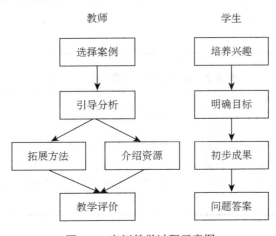

图 8.1 案例教学过程示意图

8.1 重金属污染问题分析

2011 年高教社杯全国大学生数学建模竞赛 A 题: 城市表层土壤重金属污染分析.

对某城市城区土壤地质环境进行调查. 一方面, 将所考察的城区划分为间距 1km 左右的网格子区域, 按照每平方千米 1 个采样点对表层土 (0~10cm 深度) 进行取样、编号, 并用 GPS 记录采样点的位置. 应用专门仪器测试分析, 获得了每个样本所含的多种化学元素的浓度数据. 另一方面, 按照 2km 的间距在那些远离人群及工业活动的自然区取样, 将其作为该城区表层土壤中元素的背景值.

按照功能划分, 城区一般可分为生活区、工业区、山区、主干道路区及公园绿地区等, 分别记为 1 类区、2 类区 …… 5 类区, 不同的区域环境受人类活动影响的程度不同.

表 8.1 列出了采样点的位置 (x, y)、海拔及其所属功能区等信息, 表 8.2 列出了 8 种主要重金属元素在采样点处的浓度, 表 8.3 列出了 8 种主要重金属元素的背景值.

表 8.1   采样点位置及其所属功能区

编号	x	y	海拔/m	功能区
1	74	781	5	1
2	1373	731	11	2
3	1321	1791	28	3
4	0	1787	4	4
5	1049	2127	12	5
⋮	⋮	⋮	⋮	⋮

表 8.2   8 种主要重金属元素的浓度   (单位: μg/g)

编号	As	Cd	Cr	Cu	Hg	Ni	Pb	Zn
1	7.84	153.80	44.31	20.56	266.00	18.20	35.38	72.35
2	5.93	146.20	45.05	22.51	86.00	17.20	36.18	94.59
3	4.90	439.20	29.07	64.56	109.00	10.60	74.32	218.37
4	6.56	223.90	40.08	25.17	950.00	15.40	32.28	117.35
5	6.35	525.20	59.35	117.53	800.00	20.20	169.96	726.02
⋮	⋮	⋮	⋮	⋮	⋮	⋮	⋮	⋮

表 8.3   8 种主要重金属元素的背景值   (单位: μg/g)

元素	平均值	标准偏差	范围	元素	平均值	标准偏差	范围
As	3.6	0.9	1.8 ~ 5.4	Hg	35	8	19 ~ 51
Cd	130	30	70 ~ 190	Ni	12.3	3.8	4.7 ~ 19.9
Cr	31	9	13 ~ 49	Pb	31	6	19 ~ 43
Cu	13.2	3.6	6.0 ~ 20.4	Zn	69	14	41 ~ 97

请回答如下问题:

(1) 给出 8 种主要重金属元素在该城区的空间分布, 并分析该城区内不同区域重金属的污染程度.

(2) 通过数据分析, 说明重金属污染的主要原因.

(3) 分析重金属污染物的传播特征, 由此建立模型, 确定污染源的位置.

(4) 分析你所建立模型的优缺点, 为更好地研究城市地质环境的演变模式, 还应收集什么信息? 有了这些信息, 如何建立模型解决问题?

问题 1 表 8.1 列出了采样点位置及海拔, 可以画出采样点的三维地理图, 但问题 (1) 要求给出的是重金属元素的空间分布和不同区域的污染程度. 如果同时考虑, 这是一个四维数据问题, 在三维空间一般难以表示. 因此考虑降维处理, 因为海拔差别不大, 只取平面位置为采样点坐标, 把污染物质浓度作为函数进行分析, 则方法简洁实用. 既可以得到重金属污染物质的空间分布, 又可以得到不同区域的污染程度.

设污染物质浓度 Q 关于平面坐标 (x, y) 的函数为 $Q = f(x, y)$, 由表 8.1 及表 8.2, $Q_i = f(x_i, y_i)$ $(i = 1, \cdots, 319)$, 观察数据可以发现两个重要问题: ① 任何一个有解析表达式的函数 $f(x, y)$ 都不可能作为数学模型; ② 数据是散乱的, 即 x, y 的数据并非正序, 而教科书中的三维绘图其数据都是规则的正序数据, 无法直接绘制三维图像. 基于这两个原因, 只能采用三维数据插值方法给出污染物质浓度的空间分布, 而且需要采用散乱数据的三维数据插值方法. 这也是该问题的难点.

绘出 $z = \dfrac{\sin \sqrt{x^2 + y^2}}{\sqrt{x^2 + y^2}}$ $(x \in [-18, 18], y \in [-18, 18])$ 的图像, 需要利用 meshgrid 命令把区间变为网格坐标, 才能计算和绘图. 执行代码如下, 结果见图 8.2.

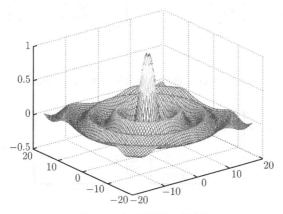

图 8.2 规则数据三维图

```
clc;clear;close all;
x=[-18:0.5:18];
y=x;
[X,Y]=meshgrid(x,y); %组网格
r=sqrt(X.^2+Y.^2);
Z=sin(r)./r;
mesh(X,Y,Z); %三维绘图
```
对于散乱数据需要用 griddata 处理, 调用格式为

```
[XI,YI,ZI] = griddata(x,y,z,X,Y)
```
其中 x, y, z 为原始数据, X, Y 为网格数据 (矩阵), 得到的 X_I, Y_I, Z_I 为插值数据.

8 种重金属污染物质的空间分布图 (图 8.3), 对不同区域的污染程度绘制二维等高线图更简洁明了 (图 8.4). 等高线图的数据模型为

$$\begin{cases} Q = f(x, y), \\ Q = Q_0 \end{cases}$$

把不同的 Q_0 值的截线投影到 xOy 平面.

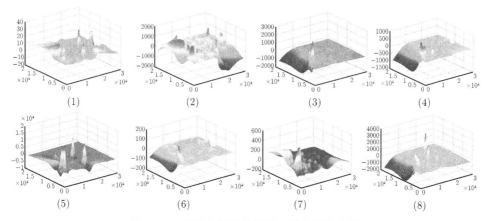

图 8.3 8 种重金属污染物质三维空间分布图

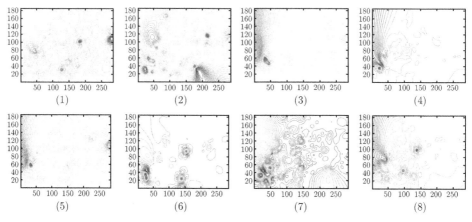

图 8.4 8 种重金属污染物质不同区域污染程度图

从重金属污染物质的三维空间分布图 (图 8.3) 可以看出, 不同物质的分布并不相同, 而且差异性较多. 从二维等高线图 (图 8.4) 可以看出不同物质在不同区域的污染状况, 图 8.4 中颜色较亮的位置是该种物质污染较重的区域. 其中第二种物质

Cd 的污染区域较多, 第六种物质 Ni 的污染点为三个; 第七、第八
种物质 Pb, Zn 的污染点均为两个; 其余物质均为一个污染点. 从
图 8.4 中可以近似确定污染区域位置, 如第三种物质 Cr 的污染范
围, 横坐标 30~50km、纵坐标 42~65km 内污染较重.

图 8.4 的电子图

问题 2　通过数据分析, 说明重金属污染的原因. 题目中原始
数据所给的关于污染原因的数据在表 8.1 中除了采样点之外, 还给出了另外一个信
息采样点属于什么功能区, 如果在图 8.4 中进一步标记出功能区标记, 则可说明污
染较重的区域属于什么功能区, 因此可以确定污染原因.

数学模型为

$$\begin{cases} Q = f(x, y), \\ Q = Q_0, \\ F = F(x, y) \end{cases}$$

其中 $F = F(x, y)$, (x, y) 为采样点坐标 (x_i, y_i) $(i = 1, \cdots, 319)$, 对应的 $F_i = F(x_i, y_i)$
为表 8.2 中第五列值, 取值为 1~5 的五值函数, 分别表示不同的功能区. 不同的功能
区分别用不同的符号标记, 分别是生活区 "*"、工业区 "○"、山区 "+"、交通区 "△"、
公园 "◆".

从图 8.5 中可以观察到, 污染较重的区域周边为山区 "+" 和交通区 "△", 说
明该区域的污染物质 As 来自自然环境和交通污染. 其余七种物质用类似的方法
分析.

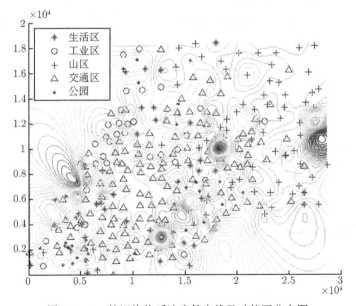

图 8.5　As 的污染物质浓度等高线及功能区分布图

程序执行代码如下.

```
clc;clear;close all;  %功能区标记(含等高线绘图)
A=xlsread('cumcm2011A附件_数据.xls',1,'B4:E322');  %读取数据
Q=xlsread('cumcm2011A附件_数据.xls',2,'B4:I322');
x=A(:,1); y=A(:,2); f=A(:,4); N=length(f); %坐标
x1=[min(x):200:max(x)]; %重新取坐标值
y1=[min(y):200:max(y)];
[X,Y]=meshgrid(x1,y1); %组网格
for k=1  %第k种物质
    z=Q(:,k);
    [XI,YI,Z] = griddata(x,y,z,X,Y,'v4'); %三维散乱数据插值
    %[DX,DY] = gradient(Z,.2,.2);
    hold on
    %contour(Z,40);
    for i=1:N  %不同的功能区标记不同的符号
       if  f(i)==1
            plot(x(i),y(i),'*');
       elseif f(i)==2
            plot(x(i),y(i),'o');
       elseif f(i)==3
            plot(x(i),y(i),'+');
       elseif f(i)==4
            plot(x(i),y(i),'^');
       else
            plot(x(i),y(i),'.');
       end
    end
    contour(XI,YI,Z,40);
    legend('生活区','工业区','山区','交通区','公园',-1);
        %标记符号解释
    %quiver(X,Y,DX,DY);
end
 hold off
```

问题 3 分析重金属污染物的传播特征, 由此建立模型, 确定污染源的位置. 在物质浓度二维等高线 $\begin{cases} Q = f(x,y), \\ Q = Q_0 \end{cases}$ 图的基础上, 计算物质浓度 Q 对 x, y 的梯度向量 $\nabla Q = \mathrm{grad}(Q) = \left(\dfrac{\partial Q}{\partial x}, \dfrac{\partial Q}{\partial y} \right)$, 并绘制矢量图, 即可知道其物质浓度及物质流向, 配以功能区标记, 则可知热污染源及位置. 计算梯度向量的 MATLAB 函数为 gradient(), 计算程序如下 (以第一种物质为例, 也可以让 $k = 1, \cdots, 8$ 一次计算 8 种物质的传播特征、污染源的位置等).

```
clc;clear;close all; %功能区标记, 含等高线绘图, 物质浓度梯度计算
A=xlsread('cumcm2011A附件_数据.xls',1,'B4:E322'); %读取数据
Q=xlsread('cumcm2011A附件_数据.xls',2,'B4:I322');
x=A(:,1); y=A(:,2); f=A(:,4); N=length(f); %坐标
x1=[min(x):300:max(x)]; %重新取坐标值
y1=[min(y):300:max(y)];
[X,Y]=meshgrid(x1,y1); %组网格
for k=1  %第k种物质
    z=Q(:,k);
    [XI,YI,Z] = griddata(x,y,z,X,Y,'v4'); %三维散乱数据插值
    [DX,DY] = gradient(Z,.2,.2); %计算浓度特征向量
     hold on
     %contour(Z,40);
       for i=1:N %不同的功能区标记不同的符号
         if   f(i)==1
             plot(x(i),y(i),'*');
         elseif f(i)==2
             plot(x(i),y(i),'o');
         elseif f(i)==3
             plot(x(i),y(i),'+');
         elseif f(i)==4
             plot(x(i),y(i),'^');
         else
             plot(x(i),y(i),'.');
         end
       end
    contour(XI,YI,Z,40);
```

```
    legend('生活区','工业区','山区','交通区','公园',2);
        %标记符号解释
    quiver(X,Y,DX,DY);
end
 hold off
```

结果见图 8.6, 从放大图 (图 8.7) 可以看出靠右两个点处污染物质浓度较高, 矢量箭头指向里面, 说明物质浓度高的区域并非污染源, 而是汇集在一起, 周边的山区或交通区才是污染源, 图 8.7 中可以看出没有明显的点污染源.

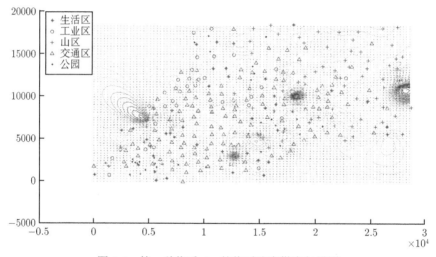

图 8.6　第一种物质 As 的物质浓度梯度矢量图

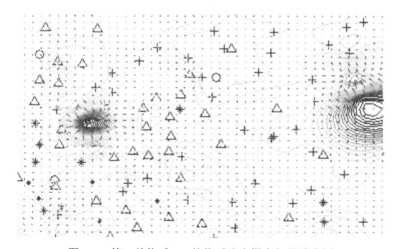

图 8.7　第一种物质 As 的物质浓度梯度矢量放大图

问题 4 所建立模型有哪些优缺点？利用数据表格，通过散乱数据插值法绘制图形表示函数关系，计算其梯度向量 (离散值)，模型简单、方法简洁、效果显著. 缺点是没有找出明确的函数解析表达式，如果利用点污染扩散的高斯扩散模型，可以得到浓度关于空间坐标 x, y, z 及时间 t 的函数偏微分方程及解析函数表达式，但只适用于局部范围，并不能在整个探测区域应用.

当连续污染释放污染物质的时间足够长，污染物质浓度视为不再随时间变化，只随空间位置不同而改变，可以采用连续污染点源三维扩散稳态模型，模型如下

$$Q(x, y, z) = \frac{C_q q}{4\pi x \sqrt{D_y D_z}} \exp\left(-\frac{u_x y^2}{4 D_y x} - \frac{u_x z^2}{4 D_z x}\right) \exp\left(-K\frac{x}{u_x}\right)$$

其中 C_q 为污染物质浓度，q 为污水流量，D_y, D_z 分别为 y 方向和 z 方向的扩散系数，K 为污染物质浓度衰减常数，u_x 为断面平均流速[①].

为更好地研究城市地质环境的演变模式，还应收集什么信息？有了这些信息，如何建立模型解决问题？可以采用连续污染点源四维扩散模型，在 t 时刻的物质浓度

$$C(x, y, z, T)$$
$$= \int_0^T \frac{C_q q}{8(\pi)^{3/2}} \exp\left(-\frac{(x - u_x t)^2}{4 D_x t} - \frac{(y - u_y t)^2}{4 D_y t} - \frac{(x - u_z t)^2}{4 D_z t}\right) \exp(-Kt)\mathrm{d}t$$

但需知所含参数或者拟合参数数据以及采集时间序列数据.

8.2 折叠桌的设计分析

2014 年高教社杯全国大学生数学建模竞赛 B 题: 创意平板折叠桌. 某公司生产一种可折叠的桌子 (图 8.9—图 8.11), 桌面呈圆形, 桌腿随着铰链的活动可以平摊成一张平板 (图 8.8). 桌腿由若干根木条组成, 分成两组, 每组各用一根钢筋将木条连接, 钢筋两端分别固定在桌腿各组最外侧的两根木条上, 并且沿木条有空槽以保证滑动的自由度 (图 8.8). 桌子外形由直纹曲面构成, 造型美观. 图 8.8 展示了折叠桌的动态变化过程.

图 8.8 折叠桌不同状态展开图

① 刘晓鑫. 基于 MATLAB 的四维水质模型仿真. 电子设计工程, 2011, 19(23): 29-33

图 8.9　折叠桌实物图

图 8.10　折叠桌开槽图

图 8.11　折叠桌下边缘线

给定长方形平板尺寸为 $120\text{cm} \times 50\text{cm} \times 3\text{cm}$, 每根木条宽 2.5cm, 连接桌腿木条的钢筋固定在桌腿最外侧木条的中心位置, 折叠后桌子的高度为 53cm. 试建立模型描述此折叠桌的动态变化过程, 在此基础上给出此折叠桌的设计加工参数 (例如, 桌腿木条开槽的长度等) 和桌脚边缘线 (图 8.11 中深色曲线) 的数学描述.

1) 折叠桌建模思路

以桌面中心 O 为坐标原点, 以平板的长方向为 y 方向, 其垂直方向为 x 方向, 垂直于地面的方向为 z 方向, 建立坐标系 (图 8.12).

设板长为 $2L$, 设桌腿的 x 坐标为 $x_1, x_2, \cdots, x_N (N$ 为桌腿数, 因为桌子的对称性, 因此取一半桌腿数计算), 则桌子边缘, 即圆上的点的 y 坐标为 $y_1^p, y_2^p, \cdots, y_N^p$, 其中 $y_i^p = \sqrt{r^2 - x_i^2}$, r 为桌面半径.

桌腿上端点坐标 $P_i(x_i^p, y_i^p, z_i^p)$ 与钢筋相交位置的坐标为 $Q_i(x_i^q, y_i^q, z_i^q)$ $(i = 1, 2, \cdots, N)$. 因桌子平行于坐标轴 y 的方向折叠, 因此 $x_i^q = x_i^p = x_i$, $y_i^q = y_i^p + \dfrac{L - \varepsilon}{2} \sin \theta_i$, $z_i^q = \dfrac{h}{2}$, 其中 2ε 为边缘桌腿预留在桌面部分的长度, h 为桌子的高度 (图 8.13).

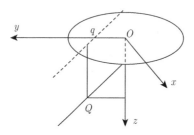

图 8.12　坐标系示意图

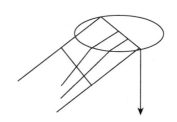

图 8.13　桌脚示意图

第 i 条桌腿 PQ 直线的方向向量为

$$\overrightarrow{PQ} = (x_i^q - x_i^p, y_i^q - y_i^p, z_i^q - z_i^p) = \left(0, y_i^q - y_i^p, \frac{h}{2}\right)$$

第 i 条桌腿的直线方程为

$$\frac{x - x_i^p}{0} = \frac{y - y_i^p}{y_i^q - y_i^p} = \frac{z - 0}{h/2}$$

第 i 条桌腿与 z 轴的夹角为 $\theta_i = \arctan\dfrac{y_i^q - y_i^p}{h/2}$ (与 z 轴正方向夹角). 如果每一条桌腿与桌面垂直, 则开槽长度应该等于桌面上多留下的一段桌腿的长度, 及 y_i^p, 但因桌腿是倾斜的, 因此应该是计算直角三角形这一直角边所对应的斜边, 夹角为 θ_i, 计算公式如下:

$$L_i = \frac{y_i^q - y_i^p}{\cos \theta_i}(i = 1, 2, \cdots, N)$$

计算结果如表 8.4 所示.

表 8.4 桌腿开槽长度表

序号	1	2	3	4	5	6	7	8	9	10
开槽长度	20.65	20.26	19.46	18.26	16.65	14.63	12.15	9.16	5.44	0.046
开槽起点	3.53	3.78	4.30	5.08	6.17	7.62	9.50	11.96	15.3	20.7

第一行为桌腿从中间往外数的序号, 由于桌腿是对称的, 另外一半与其一样. 第二行为桌腿的开槽长度, 第三行为桌腿开槽起点 (距离桌面边缘段的距离). 其计算程序如下.

```
clc;clear;close all;
e=3; r=25; h=53;   %e为边缘桌腿在桌面留下的一段
L=60-e;
x=[1.25:2.5:23.75]';
y=sqrt(r^2-x.^2);
y0=1/2*sqrt(L^2-h^2);  %钢筋的y坐标
sita=atan((y0-y)/(h/2));  %桌腿的方向角
Li=y./cos(sita);  %开槽长度
Li=Li-7.8
Ki=L/2-y   %开槽起点(靠近桌面边缘的长度)
z=(L-y).*cos(sita);
C=[x, y+(L-y).*sin(sita), z];   %计算末端点坐标
p=sum(x.^4)/(2*sum(z.*x.^2))   %下边缘线抛物面拟合参数
xlswrite('Data1.xls',[Li C Ki],1,'A2:E11');
```
结果 $p \approx 4.56$.

2) 计算桌腿下边缘线方程

空间曲线的一般方程为 $\begin{cases} F_1(x,y,z)=0, \\ F_2(x,y,z)=0, \end{cases}$ 因为桌腿下边缘线的末端点在桌腿的直纹面上, 因此第一个方程取为直纹面方程. 又因桌腿下边缘线的对称性, 可以把其视为在抛物面或双曲面上, 即方程为 $z-z_0=2px$ 或者 $\dfrac{z^2}{a^2}-\dfrac{x^2}{b^2}=1$ (对称轴为 z 轴), 取桌腿末端点坐标拟合参数 p 或者参数 a,b, 从而得到曲线的第二个方程.

(1) 直纹面方程.

桌腿为直纹面, 准线方程为 $x^2+y^2=r^2$.

母线上动点坐标为 $R(x,y,z)$, 两定点为 $P(x_i,y_i,0)$, $Q\left(x_i,y_{q_0},\dfrac{h}{2}\right)$, 向量 $\overrightarrow{PR}$ 平行于向量 $\overrightarrow{PQ}$, 即 $\overrightarrow{PR}=k\overrightarrow{PQ}$, 坐标分量为

$$(x-x_i,y-y_i,z-0)=k(0,y_{q_0}-y_i,h/2)$$
$$\frac{x-x_i}{0}=\frac{y-y_i}{y_{q_0}-y_i}=\frac{z}{h/2}=k$$

解得 $x_i=x$, $y_i=\dfrac{yh/2-zy_{q_0}}{h/2-z}$, 代入准线方程 $x^2+y^2=r^2$, 得到桌脚曲面方程:

$$x^2+\left[\frac{yh/2-zy_{q_0}}{h/2-z}\right]^2=r^2 \tag{8.1}$$

桌腿末端点坐标 $x=x_i$, $y=y_i+(L-y_i)\sin\theta_i$, $z=(L-y_i)\cos\theta_i$.

(2) 抛物面方程.

下边缘线第二个方程视为抛物面, 其方程为

$$z=z_0+px^2 \tag{8.2}$$
$$\varphi(p)=\sum_{i=1}^{N}\left[z_i-(z_0+px_i^2)\right]^2$$

其中 $z_i=(L-y_i)\cos\theta_i$, $z_0=z_1$. 利用最小二乘拟合方法, 令 $\dfrac{\partial\varphi}{\partial p}=0$,

$$p=\frac{\displaystyle\sum_{i=1}^{N}(z_i-z_0)x_i^2}{\displaystyle\sum_{i=1}^{N}x_i^4} \tag{8.3}$$

由 (8.1) 及 (8.2) 式得到桌脚下边缘线方程

$$\begin{cases} x^2+\left[\dfrac{yh/2-zy_{q_0}}{h/2-z}\right]^2=r^2, \\[2mm] z=z_0+px^2 \end{cases}$$

```
clc;clear;close all;
e=3; r=25; h=40; %e为边缘桌腿在桌面留下的一段
L=60-e;
x=[-23.75:2.5:23.75]';
y1=-sqrt(r^2-x.^2);
y2=sqrt(r^2-x.^2)
z1=zeros(size(x));
z2=z1;
y0=1/2*sqrt(L^2-h^2); %钢筋的y坐标
sita=atan((y0-y2)/(h/2)); %桌腿的方向角
yd= y2+(L-y2).*sin(sita);
zd=-(L-y2).*cos(sita);
plot3(x,y1,z1,'g','LineWidth',3);
hold on
plot3(x,y2,z2,'r','LineWidth',3);
plot3([x(1);x(20)],[y0;y0],[zd(1)/2;zd(20)/2],'LineWidth',3)
plot3([x(1);x(20)],[-y0;-y0],[zd(1)/2;zd(20)/2],'LineWidth',3)
for i=1:20
    plot3([x(i);x(i)],[y2(i);yd(i)],[0;zd(i)],'LineWidth',3);
    plot3([x(i);x(i)],[y1(i);-yd(i)],[0;zd(i)],'LineWidth',3);
end
hold off
```

不同高度的折叠桌动态模拟图 (图 8.14).

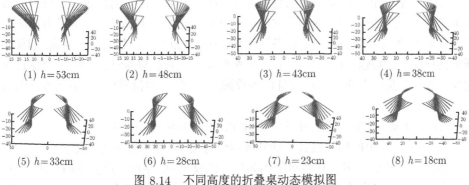

图 8.14　不同高度的折叠桌动态模拟图

桌子的板长为 120cm, 宽为 50cm, 高度分别为 $h = 53$cm, 48cm, 43cm, 38cm, 33cm, 28cm, 23cm, 18cm.

　　按照本节思路和计算方法, 根据客户的需求, 设计不同桌面形状, 只需要修改桌面方程, 如圆的方程 $x^2 + y^2 = r^2$ 换为椭圆方程 $\left(\dfrac{x}{a}\right)^2 + \left(\dfrac{y}{b}\right)^2 = 1$ 或者其他形状的方程. 在板子厚度和桌面宽度确定的情况下, 如果对材料进行优化, 可以改变的量为桌子高度和板长, 可以从受力最大、占用空间小、美观等方面考虑. 解决问题的思路、方法和计算程序与本节类似.

8.3　拍照赚钱任务分配

　　2017 年高教社杯全国大学生数学建模竞赛 B 题: 拍照赚钱的任务定价. "拍照赚钱" 是移动互联网下的一种自助式服务模式, 拍照会员及拍照任务见图 8.15 所示. 用户下载 APP (手机应用程序), 注册成为 APP 的会员, 然后从 APP 上领取需要拍照的任务 (比如上超市去检查某种商品的上架情况), 赚取 APP 对任务所标定的酬金. 因此 APP 成为该平台运行的核心, 而 APP 中的任务定价又是其核心要素. 如果定价不合理, 有的任务就会无人问津, 而导致商品检查的失败.

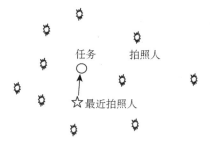

图 8.15　拍照会员与拍照任务示意图

　　表 8.5 是一个已结束项目的任务数据, 包含了每个任务的位置、定价和完成情况 ("1" 表示完成, "0" 表示未完成); 表 8.6 是会员信息数据, 包含了会员的位置、信誉值、参考其信誉给出的任务开始预订时间, 原则上会员信誉值越高, 越优先开始挑选任务, 其配额也就越大 (任务分配时实际上是根据预订限额所占比例进行配发); 表 8.7 是一个新的检查项目任务数据, 只有任务的位置信息. 请回答下面的问题.

　　(1) 研究表 8.5 中项目的任务定价规律, 分析任务未完成的原因.

　　(2) 为表 8.5 中的项目设计新的任务定价方案, 并和原方案进行比较.

　　(3) 实际情况下, 多个任务可能因为位置比较集中, 导致用户会争相选择, 一种考虑是将这些任务联合在一起打包发布. 在这种考虑下, 如何修改前面的定价模型, 对最终的任务完成情况又有什么影响? 对表 8.7 中的新项目给出你的任务定价方案, 并评价该方案的实施效果.

表 8.5 已结束项目任务数据

任务号码	任务 GPS 纬度	任务 GPS 经度	任务定价	任务完成情况
A0001	22.56614225	113.9808368	66	0
A0002	22.68620526	113.9405252	65.5	0
A0003	22.57651183	113.957198	65.5	1
A0004	22.56484081	114.2445711	75	0
A0005	22.55888775	113.9507227	65.5	0
A0006	22.55899906	114.2413174	75	0
A0007	22.54900371	113.9722597	65.5	1
A0008	22.56277351	113.9565735	65.5	0
⋮	⋮	⋮	⋮	⋮

表 8.6 会员信息数据

会员编号	会员位置 1 (GPS)	会员位置 2 (GPS)	预订任务开始时间	信誉值
B0001	22.947097	113.679983	6:30:00	67997.3868
B0002	22.577792	113.966524	6:30:00	37926.5416
B0003	23.192458	113.347272	6:30:00	27953.0363
B0004	23.255965	113.31875	6:30:00	25085.6986
B0005	33.65205	116.97047	6:30:00	20919.0667
B0006	22.262784	112.79768	6:30:00	18237.6295
B0007	29.560903	106.239083	6:30:00	15729.3601
B0008	23.143373	113.376315	6:42:00	14868.4446
⋮	⋮	⋮	⋮	⋮

表 8.7 新项目任务数据

任务号码	任务 GPS 纬度	任务 GPS 经度
C0001	22.73004117	114.2408795
C0002	22.72704287	114.2996199
C0003	22.70131065	114.2336007
C0004	22.73235925	114.2866672
C0005	22.71839144	114.2575495
C0006	22.75392493	114.3819253
C0007	22.72404221	114.2721836
C0008	22.71937803	114.2732478
⋮	⋮	⋮

问题 1 表 8.5 中所给数据为任务的 GPS 纬度和经度的坐标, 因所分析区域相对而言不大, 可以把球面坐标近似为平面坐标, 无须转化坐标而直接分析 (可以画出转化后的位置图与直接画位置图形状基本一致, 无较大变化).

设第 i 个任务位置为 (x_i, y_i), 第 j 个人 (会员) 的位置为 (x_j, y_j), 其距离为

$$d(i, j) = \sqrt{(x_j - x_i)^2 + (y_j - y_i)^2}$$

找出离第 i 个任务最近的会员, 距离 $D(i)$ 为多少, 该任务的价格如图 8.16 所示.

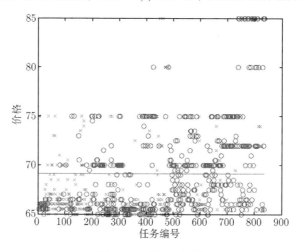

图 8.16   任务价格图

对距离向量 $D = (D(i))$, 与该任务的价格 $P = (P(i))$ 进行相关性分析, 得到相关系数 $R = 0.2047$, 其相关性不高, 说明并未根据任务与人的距离进行定价. 同时计算出了均价为 $p_0 = 69.11$, 见图 8.16.

设价格小于等于 65 元的任务数为 k_1, 大于 65 元小于等于 70 元的任务数为 k_2, 大于 70 元小于等于 75 元的任务数为 k_3, 大于 75 元的任务数为 k_4, 则通过统计 $(k_1, k_2, k_3, k_4) = (65, 541, 189, 40)$, 其占比分别为 8%, 65%, 22%, 5%(图 8.17).

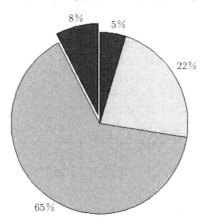

图 8.17   不同价格期间的任务数饼图

价格图如图 8.16 所示, 小 "∘" 表示已完成的任务, "×" 表示未完成的任务, 其位置高低表示其价格, 横线为价格均值. 未完成任务多集中于编号较小者 (1 ∼ 200 号), 且定价较低; 编号大于 750 的任务价格较高, 基本完成. 从图 8.16 中可以看出高价格的几乎都完成了, 大多数未完成任务为低价格任务, 因此价格对吸引会员去完成任务有一定帮助. 由此推断, 任务未完成是因为定价不尽合理.

计算程序如下 (本节程序中附件数据参考 2017 年 "高教社杯" 全国大学生数学建模竞赛 B 题附件).

```
clc;clear;close all;
A=xlsread('附件一: 已结束项目任务数据.xls',1,'B2:E836');
B=xlsread('附件二: 会员信息数据1.xls',1,'B2:C1878');
m=length(A(:,1)); n=length(B(:,1));
for i=1:m
    for j=1:n
        d(i,j)=sqrt((A(i,1)-B(j,1))^2+(A(i,2)-B(j,2))^2);
    end
    [dmin,k]=min(d(i,:)); %找出第i项任务与哪一个会员最近
    D(i)=dmin; K(i)=k;
end
P=[D' K' A(:,3)];
 %D为第i个任务到第k个人(最近)的距离, A(:,3)为均匀价格
R=corrcoef(P(:,1),P(:,3));p=sum(P(:,3))/m;
k1=0; k2=0; k3=0; k4=0;
 A1=[ ]; A2=[ ];
for i=1:m   %统计各价格区间的任务数
    if P(i,3)<=65
        k1=k1+1;
    elseif P(i,3)>65 & P(i,3)<=70
        k2=k2+1;
    elseif P(i,3)>70 & P(i,3)<=75
        k3=k3+1;
    else
        k4=k4+1;
    end
    if A(i,4)==1
        A1=[A1; i A(i,3)];
```

```
else
    A2=[A2; i  A(i,3)];
end
```
```
end
x=[k1 k2 k3 k4]; ex=[1 0 0 0];
pie(x,ex) %饼图
figure;
plot(A1(:,1),A1(:,2),'o',A2(:,1), A2(:,2), 'rx',[1, m],[p,p],'r');
xlabel('任务编号');ylabel('价格');
```

问题 2　原方案因定价不尽合理, 需要设计一个新的定价方案. 如果把未完成任务都提高定价, 固然可以提高完成率, 但这会使成本增加. 基于任务与最近会员的距离进行定价, 同时以原来方案中的最低价和最高价为依据, 确定最低价和最高价.

设任务与最近会员距离为 d_i, N 为任务数, $d_{\min} = \min\limits_{1 \leqslant i \leqslant N} \{d_i\}$, $d_{\max} = \max\limits_{1 \leqslant i \leqslant N} \{d_i\}$, $p_{\min}$, $p_{\max}$ 分别为原定价方案中的最小值与最大值.

$$p(d_i) = p_{\min} + \frac{d_i - d_{\min}}{d_{\max} - d_{\min}}(p_{\max} - p_{\min})$$

得到的新价格分布图如图 8.18 所示.

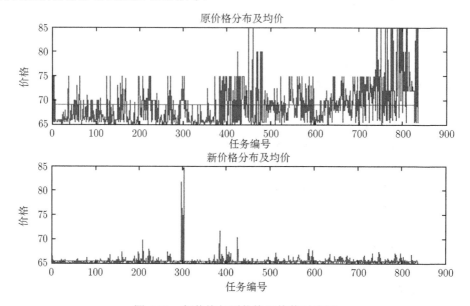

图 8.18　新价格与原价格及均价对比图

新价格与原价格及均价对比图如图 8.18 所示, 新价格明显比原价格低, 原价格的均价为 69.11 元, 新价格的均价为 65.52 元. 计算程序如下.

```
clc;clear;close all;
A=xlsread('附件一: 已结束项目任务数据.xls',1,'B2:E836');
B=xlsread('附件二: 会员信息数据1.xls',1,'B2:C1878');
m=length(A(:,1)); n=length(B(:,1));
pmin=min(A(:,3)); pmax=max(A(:,3)); %原价格最小值与最大值
for i=1:m
    for j=1:n     %计算任务与人的距离
        d(i,j)=sqrt((A(i,1)-B(j,1))^2+(A(i,2)-B(j,2))^2);
    end
    [dmin,k]=min(d(i,:)); %找出第i项任务与哪一个会员最近
    D(i)=dmin; K(i)=k;
end
P=[D' K' A(:,3)]; %D为第i个任务到第k个人(最近)的距离,
plot(D); Dmin=min(D); Dmax=max(D);
for i=1:m  %新定价计算
    p(i)=pmin+(D(i)-Dmin)/(Dmax-Dmin)*(pmax-pmin);
end
pave=sum(p)/m; p0=sum(A(:,3))/m; %均价
subplot(2,1,1);
plot([1:m]',A(:,3),[1,m],[p0,p0]);
ylabel('价格');
title('原价格分布及均价');
subplot(2,1,2);
plot([1:m],p,[1,m],[pave,pave]);
xlabel('任务编号'); ylabel('价格');
title('新价格分布及均价');
```

问题 3 打包发布. 表 8.6 中所给数据已经对会员的信誉值进行了排序, 优先考虑信誉值较高的会员, 进行打包发布. 具体方法如下.

(1) 如图 8.19 所示, 优先满足第 1 号会员, 以其为中心, 在 L_0 距离 (任务分配半径) 范围之内的任务优先发布给他, 发布任务数限额为 N_0, 同时计算任务与该会员的距离, 按照距离函数定价.

设 K_1 集合为所有任务数的集合, E_i 为发布给第 i 号会员的任务的集合, K_i 为发布之后剩余的任务的集合, 则

$$K_{i+1} = K_i - E_i$$

会员与任务的距离

$$d(i,j) = \sqrt{(x_j - x_i)^2 + (y_j - y_i)^2}$$

根据距离确定价格

$$p(d_i) = p_{\min} + \frac{d_i - d_{\min}}{d_{\max} - d_{\min}}(p_{\max} - p_{\min})$$

$p_{\min}$ 为最低价, $p_{\max}$ 为最高价, $d_{\min}$ 为第 i 号会员与未分配任务的距离的最小值, $d_{\max}$ 为最大值.

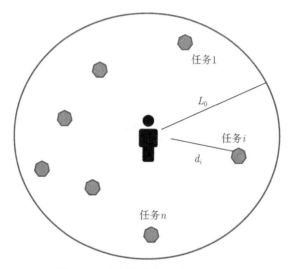

图 8.19   会员任务打包分配示意图

(2) 接着发布第 2 号会员任务, 以此类推, 发布第 i 号会员的任务.

(3) 直到剩余任务数量较少, 如小于 N_0, 此时可能任务距离会员较远, 如果任务按照第 (1) 步进行发布势必会造成人员较多, 任务较少的局面. 因此做特殊处理, 直接把这些任务发布给几个会员特殊处理, 适当提高价格即可.

根据问题 2 的算法可以计算新任务距离会员最近距离为 9.2m, 最大距离为 69.4m. 因此取 $L_0 = 100$m, 任务总数 N_0 不超过 80 项, 最低价格与最高价格采用原来的价格, 分别为 65.0 元及 85.0 元, 进行打包发布.

```
clc;clear;close all; %任务打包分配计算程序
A=xlsread('附件三: 新项目任务数据.xls',1,'B2:C2067');
    %读取新任务位置坐标
B=xlsread('附件二: 会员信息数据1.xls',1,'B2:C1878');
```

```
    %读取会员位置坐标
n=length(A(:,1)); m=length(B(:,1)); %统计任务数及会员数
L0=0.1; N0=80; pmin=65; pmax=85;
%任务分配半径0.1km, 最多任务数80项, 最低价65, 最高价85(可灵活调整)
K=[1:n]; T=0;  G=[ ];
    %对任务编号及任务分配数赋初始值, G为价格集合初始值
for i=1:m %对会员循环分配任务
    E=[ ];   t=0; %分配任务及任务数赋初始值
    for j=K
        d(j)=sqrt((A(j,1)-B(i,1))^2+(A(j,2)-B(i,2))^2);
            %计算第i个会员与第j项任务的距离
    end
    dmin=min(d); dmax=max(d);
        %第i个会员与现存任务距离的最小值与最大值
    p=[ ]; %价格初始值
    for j=K
        if d(j)<=L0 & t<N0
            %与第i个会员距离小于L0, 并且任务总数小于N0
            p(j,1)=pmin+(d(j)-dmin)/(dmax-dmin)*(pmax-pmin);
                %计算分配任务的价格
            E=[E; j p(j)]; t=t+1; %符合条件第j项任务分配给第i个会员
            K=setdiff(K,j); %从总任务中减去已分配的任务
        end
    end
    [i t]  %第i个会员分配t项任务
    E   %显示分配的任务及价格
    G=[G;p]; %记录所有任务的价格
    T=T+length(E);  %累积分配任务的总数
    if length(K)==0 %判断是否把任务分配完成
        break;  %如果已分配完任务, 跳出循环
    end
end
T %显示总数是否分配完成
sum(G)/T  %此打包分配的均价
```

图 8.20 为计算结果, ans 表示第 935 号会员分配了 2 项任务, 分别为 1146m, 1166m, 对应价格为 71.7 元及 78.9 元, 其余类推. 这样打包分配的均价为 65.71 元, 比起原来的任务距离定价的均价 65.52 略高.

以上考虑的是任务分配半径小于 0.1km 才分配任务, 这样的结果是信誉更高的会员未分配到任务, 信誉相对较高的会员分配到任务. 如果要考虑信誉更高的会员优先分配到任务, 可以把任务分配半径加大到 0.3∼0.35km 即可实现, 但这时的均价会随之升高, 增加成本. 最大任务数 80 项也可以调整, 但也会影响均价轻微波动.

```
ans =

    935     2


E =

    1.0e+003 *

     1.1460    0.0717
     1.1660    0.0789
```
图 8.20 计算结果截图

8.4 储油罐的变位识别与罐容表标定

8.4.1 问题

2010 年高教社杯全国大学生数学建模竞赛 A 题: 储油罐的变位识别与罐容表标定. 加油站的地下储油罐, 有与之配套的 "油位计量管理系统", 采用流量计和油位计来测量进/出油量与罐内油位高度等数据. 许多储油罐在使用一段时间后, 罐体的位置会发生纵向倾斜和横向偏转等变化 (以下称为变位), 从而导致罐容表发生改变, 需要定期对罐容表进行重新标定. 图 8.21 是一种典型的储油罐尺寸及形状示意图, 其主体为圆柱体, 两端为球冠体. 图 8.22 是其罐体纵向倾斜变位的示意图, 图 8.23 是罐体横向偏转变位的截面示意图. 现需要解决如下问题.

(1) 为了掌握罐体变位后对罐容表的影响, 利用如图 8.24 的小椭圆形储油罐 (两端平头的椭圆柱体), 分别对罐体无变位和倾斜角为 $\alpha = 4.1°$ 的纵向变位两种情况做试验, 试验数据参考 2010 年 "高教社杯" 全国大学生数学建模竞赛 A 题. 请建立数学模型研究罐体变位后对罐容表的影响, 并给出罐体变位后油位高度间隔为 1cm 的罐容表标定值.

(2) 对于图 8.24 所示的实际储油罐, 试建立罐体变位后标定罐容表的数学模型,即罐内储油量与油位高度及变位参数 (纵向倾斜角度 α 和横向偏转角度 β) 之间的一般关系. 请利用罐体变位后在进/出油过程中的实际检测数据, 根据你们所建立的数学模型确定变位参数, 并给出罐体变位后油位高度间隔为 10cm 的罐容表标定值. 进一步利用所给实际检测数据来分析检验模型的正确性与方法的可靠性.

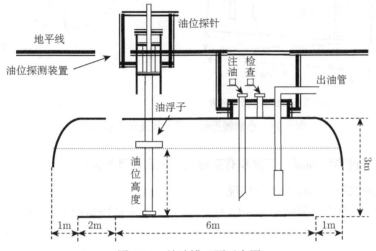

图 8.21　储油罐正面示意图

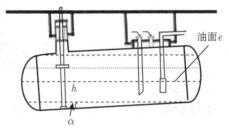

图 8.22　曲头罐纵向倾斜变位示意图

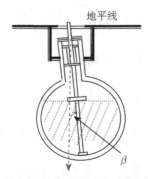

图 8.23　曲头罐横向偏转变位示意图

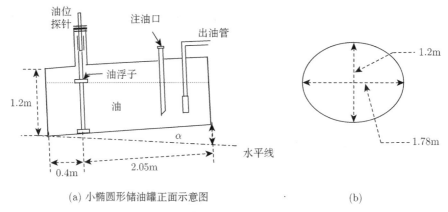

(a) 小椭圆形储油罐正面示意图   (b)

图 8.24　小椭圆形储油罐形状及尺寸示意图

8.4.2　小椭圆形储油罐无变位和有变位时的油面高度与体积

1) 小椭圆形储油罐无变位情况

试验所用小椭圆形储油罐罐体无变位时, 正面示意图如图 8.25, 其截面示意图如图 8.26.

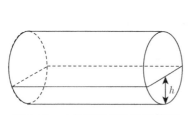

图 8.25　小椭圆形储油罐无偏转

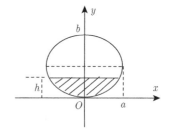

图 8.26　小椭圆形储油罐纵向无偏转

取油罐底部为坐标原点, 竖直方向为 y 轴 (图 8.26), 阴影部分面积为

$$S = \int_0^h 2a\sqrt{1 - \frac{(y-b)^2}{b^2}}\mathrm{d}y$$

当油位高度为 h 时, 长为 l 的油罐的体积为

$$\begin{aligned} V_1(h) &= l \cdot S(h) = l\int_0^h 2a\sqrt{1 - \frac{(y-b)^2}{b^2}}\mathrm{d}y \\ &= l \cdot a \cdot b \cdot \left[\arcsin\frac{y-b}{b} + \frac{y-b}{b^2}\sqrt{2yb - y^2}\right]\Bigg|_{y=0}^{h} \\ &= l \cdot a \cdot b \cdot \left[\arcsin\frac{h-b}{b} + \frac{h-b}{b^2}\sqrt{2hb - h^2} + \frac{\pi}{2}\right], \quad 0 \leqslant h \leqslant 2b \end{aligned}$$

其中, a, b, l 分别为椭圆的长半轴、短半轴和油罐长, 其值分别为 $a = 0.89, b = 0.6$, $l = l_1 + l_2 = 0.4 + 2.05 = 2.45$ (单位: m), l_1 及 l_2 为油浮子两边的长度. 使用 MATLAB 编程计算得到表 8.8 的数据结果.

```
clc;clear; %无变位平头小椭圆形储油罐的体积计算与实验采集数据对比
a=1.78/2;b=1.2/2;L2=2.05;L1=0.4; L=L1+L2;
alpha=4.1;
V=[];
for h=0.1:0.05:0.6
    s=a*b*(asin((h-b)/b)+(h-b)/b/b*sqrt(2*h*b-h^2)+pi/2);
    V=[V s*L];
end
V0=pi*a*b*L;
for h=0.65:0.05:1.1
    h=2*b-h; s=a*b*(asin((h-b)/b)+(h-b)/b/b*sqrt(2*h*b-h^2)+pi/2);
    V=[V V0-s*L];
end
h=[0.1:0.05:1.1];
[ h' V']
A=xlsread('问题A附件1: 实验采集数据表.xls',1,'C2:D79');
B=xlsread('问题A附件1: 实验采集数据表.xls',2,'C2:D79');
A=A/1000; B=B/1000;
plot(h,V,'+',A(:,2),A(:,1),B(:,2),4.110-B(:,1) ,'--.')
legend('计算值','进油值','出油值',2)
```

表 8.8　正常情况下小椭圆形储油罐的油面高度 (h) 与罐容 (V) 的对应关系表

h/mm	100	200	300	400	500	600
V/L	163.6	450.3	803.5	1199.3	1621.0	2055.1
h/mm	700	800	900	1000	1100	1200
V/L	2489.1	2910.8	3306.6	3659.9	3946.6	4110.1

计算结果见图 8.27.

2) 小椭圆形储油罐有纵向变位情况

对实验所用小椭圆形储油罐, 罐体纵向倾斜时 (倾角 $\alpha = 4.1°$), 正面示意图如图 8.28 所示, 建立坐标系.

$$h_1 = l_2 \tan\alpha, \quad h_2 = 2b - l_1 \tan\alpha$$

设 h 为油浮子高度, 即油面显示高度.

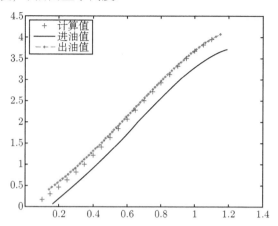

图 8.27   平头小椭圆形储油罐无变位与实测数据的比较

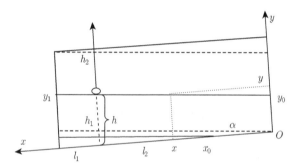

图 8.28   平头小椭圆形储油罐横向偏转纵截面示意图

(1) 对于 $h_0 \leqslant h \leqslant h_1$ 情况进行计算.

油面所在直线过点 (l_2, h), 斜率为 $k = \tan \alpha$, 因此直线方程为

$$y - h = (x - l_2) \tan \alpha$$

当 $x = 0$ 时, 得到 $y_0 = h - l_2 \tan \alpha$; 当 $x_0 = l_1 + l_2$ 时, $y_1 = h + l_1 \tan \alpha$; 在 $x = x_0$ 点时, $y = h + (x - l_2) \tan \alpha$. 由问题 1) 的讨论可知, 该点所对应的截面面积为

$$S(y) = a \cdot b \cdot \left[\arcsin \frac{y-b}{b} + \frac{y-b}{b^2} \sqrt{2yb - y^2} + \frac{\pi}{2} \right]$$

把直线方程 $y = h + (l_2 - x) \tan \alpha$ 代入上式, 可得关于 x 的截面面积函数 $S_1(x)$. 因此油的实际体积为

$$V_1(h) = \int_0^{l_1 + l_2} S_1(x) \mathrm{d}x$$

该定积分的积分表达式较为复杂, 无法求出其解析表达式, 因此引入人工智能计算方法进行近似计算. 这里采用蒙特卡罗 (Monte-Carlo) 法, 设 $x_1, x_2, \cdots, x_M$ 是分布函数 $S_1(x)$ 的一组样本点, 若 $V_1(h)$ 有限且样本点是独立选取的, 则根据蒙特卡罗法得到上述积分的近似表达式

$$V_1(h) \approx [(l_1 + l_2) - 0] \cdot \frac{1}{M} \sum_{k=1}^{M} S_1(x_k)$$

取 $M = 1000$, 使用 MATLAB 编程计算得到表 8.9 的数据结果 (图 8.29).

表 8.9 倾斜 $4.1°$ 情况下小椭圆形储油罐的油面高度 (h) 与罐容 (V) 的对应关系表 (一)

h/mm	146.9	246.9	346.9	446.9	546.9	646.9
V/L	149.2	420.0	763.4	1152.8	1570.3	2001.9
h/mm	746.9	846.9	946.9	1046.9	1146.9	
V/L	2435.0	2857.2	3254.9	3611.6	3902.7	

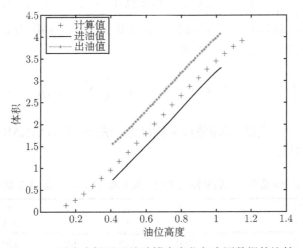

图 8.29 平头小椭圆形储油罐有变位与实测数据的比较

```
clc;clear; %有变位平头小椭圆形储油罐的体积计算
a=1.78/2;b=1.2/2;L2=2.05;L1=0.4; L=L1+L2;
alpha=4.1*pi/180;
V=[];
for h=0.1469:0.05:1.1469
    t=[0:0.01:L]; M=length(t);
    y=h+(t-L2)*tan(alpha);
    s=a*b*(asin((y-b)/b)+(y-b)/b.*sqrt(2*y*b-y.^2)+pi/2);
```

```
        V=[V sum(s)*L/M];
    end
    V0=pi*a*b*L;
     h=[0.1469:0.05:1.1469];
    A=xlsread('问题A附件1: 实验采集数据表.xls',3,'C2:D79');
    B=xlsread('问题A附件1: 实验采集数据表.xls',4,'C2:D79');
    A=A/1000; B=B/1000;
    plot(h,V,'+',A(:,2),A(:,1),B(:,2),V0-B(:,1) ,'--.')
    legend('计算值','进油值','出油值',2);
    xlabel('油位高度'); ylabel('体积');
    [h' V']
```

(2) 对于 $0 \leqslant h \leqslant h_1$ $(h_1 = l_2 \tan \alpha)$ 的情况进行计算.

对 (1) 中的油面方程 $y - h = (\tan \alpha)(x - l_2)$, 令 $y = 0$, 得到油面直线与 x 轴的交点 $x_0 = l_2 - \dfrac{h}{\tan \alpha}$. 当油面直线与 x 轴交点在 l_2 与 $l_2 + l_1$ 之间时, 不进行存油体积的计算, 因为这时油浮子的高度总显示为 0. 这样油面高度为 h 时的油的体积为截面面积函数从 x_0 到 l 的积分, 即

$$V_2(h) = \int_{x_0}^{l_1+l_2} S_1(x)\mathrm{d}x \approx (l_1 + l_2 - x_0) \cdot \frac{1}{N} \sum_{i=1}^{N} S_1(x_i), \quad 0 \leqslant h \leqslant h_1$$

取 $M = 1000$, 与 (1) 类似, 采用蒙特卡罗智能算法, 通过 MATLAB 编程计算得到表 8.10 的数据结果.

表 8.10 倾斜 4.1° 情况下小椭圆形储油罐的油面高度 (h) 与罐容 (V) 的对应关系表 (二)

h/mm	10	20	30	40	50	60	70
V/L	1.9	4.7	8.0	12.6	18.6	26.5	35.0
h/mm	80	90	100	110	120	130	140
V/L	46.0	54.7	65.7	81.1	97.2	117.4	136.7

(3) 对于 $h_2 \leqslant h \leqslant 2b$ 的情况, 当 $h_2 \leqslant h \leqslant 2b$ 时, 油浮子高度总是显示 2bm, 对于油浮子的刻度显示来说毫无意义. 由于油罐的对称性, 油的体积增加与 (2) 类似, 但增加体积的次序与表 8.10 中的刚好相反.

8.4.3 实际储油罐具有纵向倾斜角度和横向偏转角度的情况

1) 无偏转情况

如图 8.30 所示, 把储油罐分为平头与曲头两部分进行计算, 平头部分横截面为圆形, 设半径为 r, 平头罐长 $L = L_1 + L_2 = 2 + 6 = 8\mathrm{m}$, 其体积计算与 8.4.1 节问题

(1) 中的小椭圆形储油罐类似, 只需取 $a = b = r$ 即可, 体积为

$$V_1(h) = L \cdot r^2 \cdot \left[\arcsin \frac{h-r}{r} + \frac{h-r}{r^2}\sqrt{2hr - h^2} + \frac{\pi}{2}\right]$$

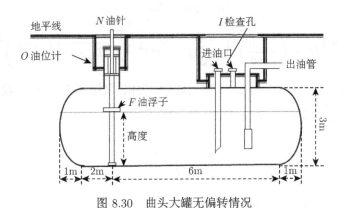

图 8.30　曲头大罐无偏转情况

曲头部分两端是对称的, 如图 8.31 所示, 考虑一端的体积, 可近似为球缺, 设球缺半径为 R, 则 $R^2 = r^2 + (R-1)^2, r = \dfrac{3}{2}$, 解之得 $R = \dfrac{13}{8}$m.

$$V_2(h) = \iint\limits_{D} \left(\sqrt{R^2 - x^2 - y^2} - \sqrt{R^2 - r^2}\right) \mathrm{d}x\mathrm{d}y$$

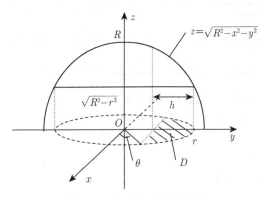

图 8.31　曲头部分体积计算

其中区域 D 为所求体积部分在 xOy 平面的投影. 令 $x = \rho\cos\theta, y = \rho\sin\theta$, 则由对称性得

$$V_2(h) = 2 \cdot \int_\alpha^{\frac{\pi}{2}} \mathrm{d}\theta \int_{\frac{r-h}{\sin\theta}}^r \left(\sqrt{R^2 - \rho^2} - \sqrt{R^2 - r^2}\right)\rho\,\mathrm{d}\rho$$

$$= \int_{\alpha}^{\frac{\pi}{2}} f(h,\theta)\mathrm{d}\theta$$

其中

$$\alpha = \arcsin \frac{r-h}{r}$$

$$f(h,\theta) = \frac{2}{3}\left[R^2 - \left(\frac{r-h}{\sin\theta}\right)^2\right] - \frac{2}{3}(R^2-r^2)^{\frac{3}{2}} + \sqrt{R^2-r^2}\left[\left(\frac{r-h}{\sin\theta}\right)^2 - r^2\right]$$

该积分直接计算较为困难, 与 8.4.1 节问题 (1) 类似, 采用蒙特卡罗法, 设 $\theta_1, \theta_2, \cdots,$ θ_M 是区间 $\left[\alpha, \frac{\pi}{2}\right]$ 的随机序列, 则

$$V_2(h) \approx \left(\frac{\pi}{2} - \alpha\right) \cdot \frac{1}{M} \sum_{i=1}^{M} f(h,\theta_i)$$

因此, 油面高度为 h 时, 体积 $V = V_1(h) + 2 \cdot V_2(h)$, h-V 关系计算如表 8.11 所示. 取 $M = 1000$, 得到如下结果.

表 8.11   无倾斜情况下曲头大罐的油面高度 (h) 与罐容 (V) 的部分结果

h/mm	100	200	300	400	500	600	700	800
V/L	590.6	1682.6	3102.5	4781.3	6686.1	8765.2	11008.3	13394.2
h/mm	900	1000	1100	1200	1300	1400	1500	1600
V/L	15884.4	18496.4	21172.3	23890.2	26680.4	29503.5	32330.2	35156.8
h/mm	1700	1800	1900	2000	2100	2200	2300	2400
V/L	37979.9	40770.1	43488.0	46163.9	4.775.9	51266.1	53652.1	55895.1
h/mm	2500	2600	2700	2800	2900	3000		
V/L	57974.3	59879.0	61557.8	62977.7	64069.8	64664.4		

```
clc;clear; %无偏转曲头大罐的体积计算
R=13/8;r=3/2;L1=2;L2=6; L=L1+L2;
v2=[ ];
for h=0.1:0.1:r
    a1=asin((r-h)/r);
    si=[a1:0.01:pi/2];
    f=-2/3*(R^2-r^2)^1.5+2/3*(R^2-((r-h)./sin(si)).^2).^1.5+...
    sqrt(R^2-r^2)*(((r-h)./sin(si)).^2-r^2);
    v=0.01*sum(f);
    v2=[v2 v];
end
```

```
for j=16:29
    v2(j)=2*v2(15)-v2(30-j); %由对称性计算
end
h=[0.1:0.1:2.9];
v1=L*r*r*(asin((h-r)/r)+(h-r)/r/r.*sqrt(2*r*h-h.^2)+pi/2);
v=v1+2*v2;
v20=2*v(15);
T=v20-fliplr(v); T(1)=[]; T(15)=v20; %深度为1.6~3m体积计算
% [[0.1:0.1:3]' [v T]']
 B=xlsread('问题A附件2: 实际采集数据表.xls',1,'E2:F303')/1000;
 plot(h,v,'+',B(:,1),B(:,2),'LineWidth',1.5)
legend('计算值','采集数据',2);
```

无偏转时, 曲头大罐的体积与标高几乎和实测数据一致, 如图 8.32 所示.

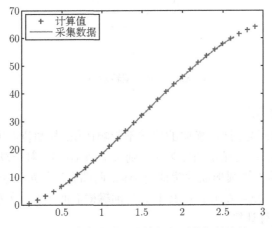

图 8.32 曲头大罐无偏转与实测数据的比较

2) 竖直方向和水平方向均有偏转的情况

对于图 8.33 和图 8.34 所示的实际储油罐, 建立罐内储油量与油位高度及变位参数 (纵向倾斜角度 α 和横向偏转角度 β) 之间的一般关系. 请利用罐体变位后在进/出油过程中的实际检测数据, 根据所建立的数学模型确定变位参数, 并给出罐体变位后油位高度间隔为 10cm 的罐容表标定值.

根据储油罐纵向的变位方向, 对于不同的油位高度, 分别考虑油罐的两端有油和一端有油的情况建模分析, 可以得到罐内实际储油量 V 与纵向倾斜变位参数 α、横向偏转变位参数 β 和油位高度 h 的关系模型, 即 $V = F(\alpha, \beta, h)$.

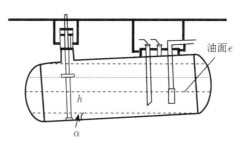

图 8.33   曲头大罐横向偏转情况

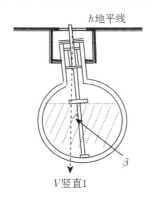

V竖直1

图 8.34   纵向偏转示意图

(1) 两端有油的情况.

因为油罐横截面为圆形, 横向的偏转不影响体积, 与油位高度的刻度有关, 设油面实际高度为 h, 刻度显示高度为 h', 则 $h = h' \cos \beta$. 对于纵向偏转的情况与 8.4.1 节问题 (1) 的小椭圆形储油罐情况类似, 两端有油的最低位和最高位分别为 $h_1 = L_2 \tan \alpha$, $h_2 = 2r - L_1 \tan \alpha$, 其中 r 为油罐横截面半径, 分为平头、左曲头和右曲头三个部分进行计算.

平头部分与 8.4.1 节问题 (1) 的小椭圆形储油罐的情况类似, 油面直线方程为 $y = h + (x - L_2) \tan \alpha$, 过任意点 x 的截面面积函数为

$$S(y) = r^2 \cdot \left[\arcsin \frac{y - r}{r} + \frac{y - r}{r^2} \sqrt{2yr - y^2} + \frac{\pi}{2} \right]$$

体积为 $V_1(h) = \displaystyle\int_0^{L_1 + L_2} S_1(x) \mathrm{d}x$, $S_1(x)$ 为直线方程代入 $S(y)$ 后得到的函数.

左、右曲头部分的体积计算较为复杂, 只能做近似计算. 这里把左右两曲头部分的油面视为水平无偏转, 从油面直线方程可得左半部分的高 $H_1 = h + L_1 \tan \alpha$, 右半部分的高为 $H_2 = h - L_2 \tan \alpha$. 由无偏转时的计算公式得到

左半部分对应体积 $V_{\text{left}}(h) = 2 \cdot \int_{\alpha_1}^{\frac{\pi}{2}} f(H_1, \theta) \mathrm{d}\theta$, 其中

$$\alpha_1 = \arcsin \frac{r - H_1}{r}$$

$$f(H_1, \theta) = \frac{2}{3}\left[R^2 - \left(\frac{r - H_1}{\sin \theta}\right)^2\right] - \frac{2}{3}(R^2 - r^2)^{\frac{3}{2}} + \sqrt{R^2 - r^2}\left[\left(\frac{r - H_1}{\sin \theta}\right)^2 - r^2\right]$$

右半部分对应体积 $V_{\text{right}}(h) = 2 \cdot \int_{\alpha_2}^{\frac{\pi}{2}} f(H_2, \theta) \mathrm{d}\theta$, 其中

$$\alpha_2 = \arcsin \frac{r - H_2}{r}$$

$$f(H_2, \theta) = \frac{2}{3}\left[R^2 - \left(\frac{r - H_2}{\sin \theta}\right)^2\right] - \frac{2}{3}(R^2 - r^2)^{\frac{3}{2}} + \sqrt{R^2 - r^2}\left[\left(\frac{r - H_2}{\sin \theta}\right)^2 - r^2\right]$$

总体积

$$V \approx V_1(h) + V_{\text{left}}(h) + V_{\text{right}}(h)$$

采用蒙特卡罗法, 取 $M = 10000$, $\alpha = 4.1°$, $\beta = 3.2°$ 得到如下结果 (表 8.12).

表 8.12 有纵向和横向偏转的曲头罐的油面高度 (h) 与罐容 (V) 的部分结果

h'/m	0.5008	0.6009	0.7011	0.8012	0.9014	1.0016	1.1017	1.2019
h/m	0.5000	0.6000	0.7000	0.8000	0.9000	1.0000	1.1000	1.2000
V/L	4.2958	5.9230	7.7215	9.6592	11.7088	13.8578	16.0826	18.3683
h'/m	1.3020	1.4022	1.5023	1.6025	1.7027	1.8028	1.9030	2.0031
h/m	1.3000	1.4000	1.5000	1.6000	1.7000	1.8000	1.9000	2.0000
V/L	20.7089	23.0884	25.4882	27.9096	30.3365	32.7568	35.1557	37.5293
h'/m	2.1033	2.2034	2.3036	2.4037	2.5039	2.6041	2.7042	2.8044
h/m	2.1000	2.2000	2.3000	2.4000	2.5000	2.6000	2.7000	2.8000
V/L	39.8655	42.1445	44.3598	46.4931	48.5274	50.4487	52.2260	53.8304

```
clc;clear; %曲头大罐有横向及纵向变位时的油面高度与体积计算
R=13/8;r=1.5;L1=2;L2=6;L=L1+L2;a=r;b=r; a0=4.1*pi/180;
V1=[ ];V2=[ ];
v0=0.3*2;
for h=0.1:0.1:2.8
    if h<=1.5
        alf=asin((r-h)/r); si=[alf:0.01:pi/2];
        fhsi=(2/3)*(R^2-((r-h)./sin(si)).^2)-2/3*(R^2-r^2)^1.5+...
            sqrt(R^2-r^2)*(((r-h)./sin(si)).^2-r^2);
```

```
            v=0.01*sum(fhsi);
            V2=[V2  v];
        else
            h=3-h;
            alf=asin((r-h)/r); si=[alf:0.01:pi/2];
                fhsi=(2/3)*(R^2-((r-h)./sin(si)).^2).^1.5...
                    -2/3*(R^2-r^2)^1.5+ ...
                sqrt(R^2-r^2)*(((r-h)./sin(si)).^2-r^2);
            v=v0-0.01*sum(fhsi);
            V2=[V2  v];
        end
    end
end
for h=0.5:0.1:2.8
    x=[0:0.01:L];
    y=h-(L2-x)*tan(a0);
    v1=a*b*0.01*sum((asin((y-b)/b)+(y-b)/b/b.*sqrt(2*y*b-y.^2)
        +pi/2));
    V1=[V1 v1];
end
h=0.5:0.1:2.8; V2([1 2 3 4])=[ ];
V=V1'+2*V2'
h1=h/cos(3.2*pi/180);
[h1' h' V]
A=xlsread('问题A附件2: 实际采集数据表.xls',1,'E2:F604');
plot(A(:,1),A(:,2),'.',h1'*1000,V*1000,'r+');
legend('实际采集值','计算值',2);
xlabel('标高');ylabel('体积');
```

从图 8.35 可以看出, 计算值为实际存储的标高与油量的关系. 在实际采集数据标高相同的情况下显示的存油量更高, 说明了油位计在油罐变形后的误差.

(2) 对于左端有油右端没有油的情况.

把罐体分为两部分, 平头部分与曲头左端部分. 设油面实际高度为 h.

对于平头部分, 与小椭圆形储油罐类似, 油面直线 $y = h + (x - l_2)\tan\alpha$ 与 x 轴的交点为 $x_0 = L_2 - \dfrac{h}{\tan\alpha}$. 当油面直线与 x 轴交点在 l_2 与 $l_2 + l_1$ 之间时, 不进行存油体积的计算, 因为这时油浮子的高度总显示为 0. 这样油面高度为 h 时的油

的体积为截面面积函数从 x_0 到 l 的积分, 即

$$V_1(h) = \int_{x_0}^{l} S_1(x)\mathrm{d}x, \quad 0 \leqslant h \leqslant h_1$$

其中 $S_1(y) = r^2 \cdot \left[\arcsin\dfrac{y-r}{r} + \dfrac{y-r}{r^2}\sqrt{2yr-y^2} + \dfrac{\pi}{2} \right].$

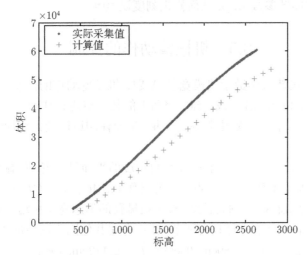

图 8.35 曲头大罐有横向和纵向偏转时的采集值与计算值

对曲头部分, $H_1 = h + L_1\tan\alpha$, $V_{\text{left}}(h) = 2 \cdot \displaystyle\int_{\alpha_1}^{\frac{\pi}{2}} f(H_1,\theta)\mathrm{d}\theta$, 其中

$$\alpha_1 = \arcsin\frac{r-H_1}{r}$$

$$f(H_1,\theta) = \frac{2}{3}\left[R^2 - \left(\frac{r-H_1}{\sin\theta}\right)^2 \right]^{\frac{3}{2}} - \frac{2}{3}(R^2-r^2)^{\frac{3}{2}} + \sqrt{R^2-r^2}\left[\left(\frac{r-H_1}{\sin\theta}\right)^2 - r^2 \right]$$

$$V(h) \approx V_1(h) + V_{\text{left}}(h)$$

其计算与两端有油的情况类似.

8.4.4 结论及分析

本节通过蒙特卡罗法对小椭圆形平头储油罐无偏转和有纵向偏转, 大曲头储油罐无偏转及带有纵向和横向偏转几种情况的储油罐实际体积与高度之间的关系式进行了计算. 结果表明当随机点个数较多时, 计算较为精确, 随机点取 10000 个以上时, 与实际数据对比可以精确到个位数. 说明蒙特卡罗法不失为一种好的智能算法, 简洁而适用.

如果知道不同时刻的储油量 ΔV_i^*, 同时可以计算出相应油位高度的改变量 $\Delta h_i = h_i - h_{i+1}$, 并由模型表达式 $V = F(\alpha, \beta, h)$ 计算得到实际储油量的改变量 $\Delta V_i = F(\alpha, \beta, h_i) - F(\alpha, \beta, h_{i+1})$, 可用非线性最小二乘方法:

$$\min\ S(\alpha, \beta) = \sum_{i=1}^{n} \left(\frac{\Delta V_i}{\Delta h_i} - \frac{\Delta V_i^*}{\Delta h_i} \right)^2 \quad \text{或} \quad \min\ S(\alpha, \beta) = \sum_{i=1}^{n} \left(\Delta V_i - \Delta V_i^* \right)^2$$

等反推出储油罐偏转参数 α, β, 从而修正刻度误差[4].

8.5　机械臂动作的控制

2017 年广西民族大学数学建模竞赛 A 题: 机械臂动作的控制. 机械臂能够接受指令, 精确地定位到三维 (或二维) 空间上的某一点进行作业, 在自动化机械装置、工业制造、医学治疗、娱乐服务、军事、半导体制造以及太空探索等领域都有广泛应用.

图 8.36 是某工厂生产的一个具有 3 自由度的平面机械臂. 机械臂安装在底座上, 底座的位置固定不变. $A \sim I$ 点是可旋转轴承, AC, DF, GH 是两节液压伸缩杆, 可以通过计算机精确控制其长度, 整个机械臂的形态完全由这三根液压伸缩杆的长度确定. 由于每个液压杆只有两节, 在不考虑其他因素的情况下, 其长度变化范围分别为 $100\text{cm} \leqslant AC \leqslant 180\text{cm}$, $96\text{cm} \leqslant DF \leqslant 172\text{cm}$, $75\text{cm} \leqslant GH \leqslant 130\text{cm}$.

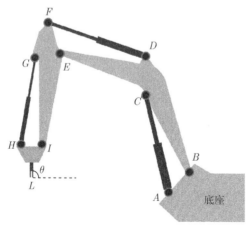

图 8.36　机械臂

AB, BC, BD, BE, CD, CE, DE, EF, EG, EI, FG, GI, HI 表示各轴承间的距离是固定不变的, 可通过测量得到. 表 8.13 给出了各轴承间的距离.

机械臂的末端是一个条形夹持器, 总是垂直于 HI, 末端与 HI 的距离为 100cm. 工作的时候需要精确地控制夹持器的位置和倾斜角度, 位置 (x, y) 和倾斜角度 θ 确定了夹持器的状态, 记为 (x, y, θ). 现在需要解决以下几个问题.

表 8.13 机械臂中各轴承间的距离 (单位: cm)

AB	BC	BD	BE	CD	CE	DE	EF	EG	EI	FG	GI	HI
54	163	227	324	70	175	160	60	50	173	70	160	40

(1) 由于受到机械臂的限制, 三根液压伸缩杆 AC, DF 和 GH 的实际伸缩长度不能达到无限制时的范围, 请给出这三根液压伸缩杆 AC, DF 和 GH 长度的实际变化范围.

(2) 求出夹持器的状态 (x, y, θ) 与 AC, DF 和 GH 的关系.

(3) 请给出夹持器末端所能达到的区域, 画出其图形.

(4) 假设三根液压伸缩杆的最大伸缩速度是相同的, 并且可以同时伸缩, 如果要使夹持器从状态 (x, y, θ) 变到 (x', y', θ'), 最快的伸缩方案是什么? 举出一个实例, 并画出夹持器末端经过的轨迹.

问题 1 以 A 为坐标原点, 水平方向 (左向) 为 x 轴正方向, 垂直方向为 y 方向 (图 8.37) 建立坐标系.

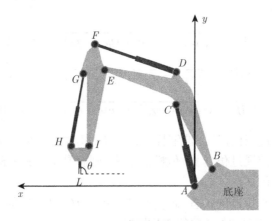

图 8.37 坐标系建立示意图

设 AB 直线与 x 轴正向夹角为 $\theta_{AB} = \dfrac{3\pi}{4}$, 则

$$\overrightarrow{AB} = (AB \cdot \cos\theta_{AB}, \; AB \cdot \sin\theta_{AB})$$

C 点坐标为 (x_C, y_C)

......

I 点坐标为 (x_I, y_I)

L 点的坐标 (x, y)

相应直线用向量表示, 例如, $\overrightarrow{CE} = (x_E - x_C, y_E - y_C)$, 方向角为

$$\theta_{CE} = \arctan \frac{y_E - y_C}{x_E - x_C}$$

由已知线段长度,

$$|\overrightarrow{AB}| = (x_B - x_A)^2 + (y_B - y_A)^2 = L_{AB}^2$$

$$\cdots\cdots$$

$$|\overrightarrow{HI}| = (x_I - x_H)^2 + (y_I - y_H)^2 = L_{HI}^2$$

再假设 L 点在 HI 的垂线上,

$$x = \frac{x_H + x_I}{2} + l_0 \cos\theta, \quad y = \frac{y_H + y_I}{2} - l_0 \sin\theta$$

其中 L 点与 HI 的距离 $l_0 = 100$ (共 13 个式子, 2 个方程).

可变长度的线段:

$$100 \leqslant |\overrightarrow{AC}| = \sqrt{(x_C - x_A)^2 + (y_C - y_A)^2} = X \leqslant 180$$

$$96 \leqslant |\overrightarrow{DF}| = \sqrt{(x_F - x_D)^2 + (y_F - y_D)^2} = Y \leqslant 172$$

$$75 \leqslant |\overrightarrow{GH}| = \sqrt{(x_H - x_G)^2 + (y_H - y_G)^2} = Z \leqslant 130$$

直接求解不等式, 计算液压伸缩杆 AC, DF 和 GH 长度的实际变化范围, 解法烦琐, 求解困难, 但通过仿真 (数值模拟方法) 则容易得出其大概的变化范围 (问题 3 之后可做数值仿真).

问题 2　求出夹持器的状态 (x, y, θ) 与 AC, DF 和 GH 的关系.

(1) 当 HG 长度变化时, θ 角的变化情况:

$$\theta' = \frac{\pi}{2} - \angle H'IH \text{ (如图 8.38 所示, } \triangle MNI \text{ 为直角三角形)}$$

$$\cos \angle HIG = \frac{HI^2 + GI^2 - HG^2}{2HI \cdot GI}$$

$$\cos \angle H'IG = \frac{H'I^2 + GI^2 - H'G^2}{2H'I \cdot GI}$$

$$\theta' = \frac{\pi}{2} - (\arccos \angle HIG - \arccos \angle H'IG)$$

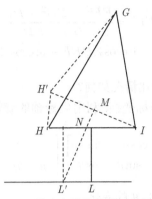

图 8.38　钻头夹持器旋转时的情况

$HG = Z$ 变化时, θ 的变化情况如何?

$$x_{H'} = x_I + HI \cdot \cos\angle HIH'$$

$$y_{H'} = y_I + HI \cdot \sin\angle HIH'$$

$$x' = \frac{x_{H'} + x_I}{2} + l_0\cos\theta$$

$$y' = \frac{y_{H'} + y_I}{2} - l_0\sin\theta$$

(2) 当 DF 的长度变化时, θ 的变化.

$$\theta' = \frac{\pi}{2} - \angle F'EF \ (\text{图 8.39})$$

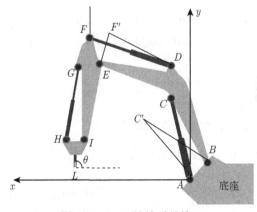

图 8.39　AC 伸缩时的情况

$$\cos\angle DEF = \frac{EF^2 + ED^2 - DF^2}{2EF \cdot ED}$$

$$\cos\angle DEF' = \frac{EF'^2 + ED^2 - DF'^2}{2EF' \cdot ED}$$

$$\theta' = \frac{\pi}{2} - (\arccos\angle DEF - \arccos\angle DEF')$$

$DF = Y$ 变化时, θ 的变化情况如何?

F, G, H, I, L 五点的坐标变换, 利用坐标轴的旋转公式得到新坐标和原坐标的关系

$$\begin{bmatrix} x' \\ y' \end{bmatrix} = \begin{bmatrix} \cos\theta & \sin\theta \\ -\sin\theta & \cos\theta \end{bmatrix} \begin{bmatrix} x - x_E \\ y - y_E \end{bmatrix} + \begin{bmatrix} x_E \\ y_E \end{bmatrix}$$

(3) 当 AC 的长度变化时, θ 的变化.

θ 的变化与 (1), (2) 类似, 当 AC 缩短时, 等于 $\angle CBA$ 的变化.

$$\theta' = \frac{\pi}{2} + \angle C'BC$$

$$\cos\angle ABC = \frac{AB^2 + BC^2 - AC^2}{2AB \cdot BC}$$

$$\cos\angle ABC' = \frac{BC'^2 + BA^2 - AC'^2}{2BC' \cdot BA}$$

$$\theta' = \frac{\pi}{2} + (\angle ABC - \angle ABC')$$

$AC = X$ 变化时, θ 的变化情况如何?

C, D, E, F, G, H, I, L 8 个点的坐标变换, 利用坐标轴的旋转公式得到新坐标和原坐标的关系

$$\begin{bmatrix} x' \\ y' \end{bmatrix} = \begin{bmatrix} \cos\theta & \sin\theta \\ -\sin\theta & \cos\theta \end{bmatrix} \begin{bmatrix} x - x_B \\ y - y_B \end{bmatrix} + \begin{bmatrix} x_B \\ y_B \end{bmatrix}$$

直线的参数方程为 $\begin{cases} x = x_0 + t\cos\alpha, \\ y = y_0 + t\sin\alpha, \end{cases}$ t 为 (x,y) 到 (x_0, y_0) 的长度, t 为正值时, C 点 (x_C, y_C) 在 (x_0, y_0) 上方, t 为负值时在下方.

A 点坐标为 $(0,0)$, 设 AB 的倾斜角为

$$\alpha_B = \frac{3\pi}{4}, \quad t_{AB} = 54, \quad \begin{cases} x_B = 0 + t_{AB}\cos\alpha_B, \\ y_B = 0 + t_{AB}\sin\alpha_B \end{cases}$$

BC 长度不变, 把 C 视为以 B 为圆心, 半径为 BC 的圆周上的点; 把 C 视为以 A 为圆心, 半径为 AC 的圆周上的点, 因此 C 点坐标满足下列方程

$$\begin{cases} (x - x_B)^2 + (y - y_B)^2 = r_{BC}^2, \\ (x - x_A)^2 + (y - y_A)^2 = r_{AC}^2 \end{cases}$$

其他点 D, E, F, G, H, I 同理可得. 求方程组的解较为困难, 因此改用手工初始化各个点坐标.

问题 3 请给出夹持器末端所能达到的区域, 画出其图形.

保存机械臂图片 (图 8.40), 用 imread() 命令读取图片, 用 imshow() 函数显示图形, 单击 data cursor 选择坐标.

把表 8.14 存储为 Excel 表, 读取数据进行初始化, 得到机械臂的初始化图像.

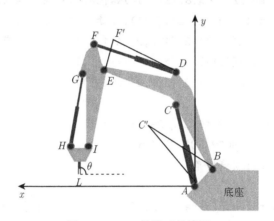

图 8.40 DF 伸缩时的情况

表 8.14 取初始值 $AC = 204$ 及变化后 $AC = 190$ 的各点坐标

	起始 $AC = 204$		变化后 $AC = 190$	
	x 坐标	y 坐标	x 坐标	y 坐标
A	393	431	393	431
B	435	389	435	389
C	344	233	307	261.6
D	345	153	287.4	184.0
E	169	147	115.8	223
F	144	87	76.3	171.7
G	117	159	68.6	284.3
H	131	331	126.3	410.9
I	88	331	84.7	422.0
M	108	331	105.5	416.4
L	108	401	122	484.5

根据理论推导的 (1), (2), (3) 步骤, 按照坐标点变化的先后次序的影响, 先 (3), 后 (2), 再 (1).

如 AC 伸缩时, 计算旋转角, 再通过坐标旋转, 计算 C-L 点变化. 然后绘图.

$$100 \leqslant AC \leqslant 180$$
$$110 \leqslant AC \leqslant 198$$
$$96 \leqslant DF \leqslant 172, \quad 106 \leqslant DF \leqslant 190$$
$$100 \leqslant GH \leqslant 180, \quad 83 \leqslant GH \leqslant 143$$

计算程序代码如下.

```
clc;clear;close all; %表8.13中的初始化数据放在Book1.xls的表中读取.
A=xlsread('Book1.xls',1,'B1:C11'); %读入初始化数据
AB=sqrt((A(2,1)-A(1,1))^2+(A(2,2)-A(1,2))^2);  %AC变化
AC=sqrt((A(3,1)-A(1,1))^2+(A(3,2)-A(1,2))^2);
BC=sqrt((A(3,1)-A(2,1))^2+(A(3,2)-A(2,2))^2);
AC1=190; %204;
Jabc=acos((AB^2+BC^2-AC^2)/(2*AB*BC));
Jabc1=acos((AB^2+BC^2-AC1^2)/(2*AB*BC));
sita=Jabc-Jabc1; %旋转角
for i=3:11
    T=[cos(sita) sin(sita); -sin(sita) cos(sita)]*[A(i,1)-A(2,1);
      A(i,2)-A(2,2)]+[A(2,1); A(2,2)]; %相关坐标旋转
    A(i,:)=T';
end

DE=sqrt((A(4,1)-A(5,1))^2+(A(4,2)-A(5,2))^2);  %DF变化
EF=sqrt((A(5,1)-A(6,1))^2+(A(5,2)-A(6,2))^2);
DF=sqrt((A(4,1)-A(6,1))^2+(A(4,2)-A(6,2))^2);
DF1=DF;
Jabc=acos((DE^2+EF^2-DF^2)/(2*DE*EF));
Jabc1=acos((DE^2+EF^2-DF1^2)/(2*DE*EF));
sita=Jabc-Jabc1;
for i=6:11
    T=[cos(sita) -sin(sita); sin(sita) cos(sita)]*[A(i,1)-A(5,1);
      A(i,2)-A(5,2)]+[A(5,1); A(5,2)];  %旋转方向相反
    A(i,:)=T';
end
```

```
GI=sqrt((A(7,1)-A(8,1))^2+(A(7,2)-A(8,2))^2);  %GH变化
IH=sqrt((A(8,1)-A(9,1))^2+(A(8,2)-A(9,2))^2);
GH=sqrt((A(7,1)-A(9,1))^2+(A(7,2)-A(9,2))^2);
GH1=GH;
Jabc=acos((GI^2+IH^2-GH^2)/(2*GI*IH));
Jabc1=acos((GI^2+IH^2-GH1^2)/(2*GI*IH));
sita=Jabc-Jabc1;
for i=9:11
    T=[cos(sita) -sin(sita); sin(sita) cos(sita)]*[A(i,1)-A(8,1);
       A(i,2)-A(8,2)]+[A(8,1); A(8,2)];  %旋转方向相反
    A(i,:)=T';
end
figure;
hold on
plot(A(:,1),A(:,2)),axis ij;
for i=[2 3 5 7]
    plot([A(i,1),A(i+2,1)],[A(i,2),A(i+2,2)]),axis ij;
end
for i=[1 4 7]
    plot([A(i,1),A(i+2,1)],[A(i,2),A(i+2,2)], ...
        'LineWidth',4),axis ij;
end
plot([A(5,1),A(8,1)],[A(5,2),A(8,2)]),axis ij;
plot([A(10,1),A(11,1)],[A(10,2),A(11,2)], ...
        'r','LineWidth',4),axis ij;
hold off
```

图 8.41 与图 8.42 分别为 $AC = 204$ 和 $AC = 190$ 时的初始化模拟图和缩短 14cm 后的模拟图. 表 8.14 中的数据分别为初始化时和变化以后各点的坐标数据.

问题 4 假设三根液压伸缩杆的最大伸缩速度是相同的, 并且可以同时伸缩, 如果要使夹持器从状态 (x, y, θ) 变到 (x', y', θ'), 最快的伸缩方案分为两种情况: ① 当机械臂需抬升时, 应该是 AC 伸长, DF 和 GH 缩短; ② 当机械臂下捞时, 应该是 AC 缩短, DF 和 GH 伸长. 欲画出夹持器末端经过的轨迹, 只需记录下 AC, DF, GH 的变化长度对应的表 8.14 中的 L 点的坐标, 即可得到 L 点即夹持器的运动轨迹.

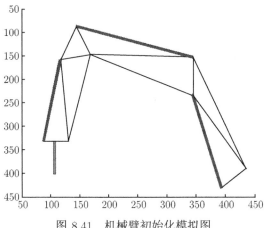

图 8.41　机械臂初始化模拟图

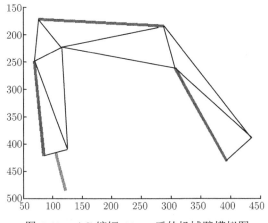

图 8.42　AC 缩短 14cm 后的机械臂模拟图

习　题　8

1. 彩票的设计问题

我国现行的彩票有双色球、大乐透、福彩 3D、排列 3、排列 5、七星彩、七乐彩、22 选 5、华东 15 选 5、南粤 36 选 7.

(1) 研究所有方案各种奖项出现的可能性;

(2) 综合分析评价各方案的合理性;

(3) 设计一种 "更好" 的方案.

进一步讨论: 第一, 关于彩票方案对彩民的吸引力问题, 即彩民对待某种彩票方案的心理状态如何? 用什么样的心理曲线能准确反映出不同类型彩民的心理变化情况? 第二, 彩票公司发行彩票的收益和风险问题, 以及彩民购买彩票的中奖与风险的关系.

2. 失联的返程航天器回收问题①

目前, 中国以及世界各国都在发射探月返程航天器. 考虑航天器在返回地球途中有失联的突发状况. 假设返程中, 航天器在高度为 10km 的地方突然发生故障失联并失去自身动力, 失联的时刻设其飞行速度是 800km/h, 飞行的方向是和地平面平行的方向 (假设此时刻没有垂直方向的速度), 东北方向 45°. 航天器在地球投影为南纬 22°, 东经 88°.

请根据以上情况, 建立数学模型解决如下问题.

(1) 建立数学模型, 模拟航天器的下落轨迹, 计算航天器下落地点 (经度和纬度).

(2) 假设航天器刚好掉入海洋之中. 请分析航天器在水中的运行轨迹. 建模的时候假设大海没有海流, 海水静止不动. 如图 8.43 所示. 航天器落水点为途中的 1. 落水的时候方向为图 8.43 中的虚线方向. 请计算航天器在海底的位置.

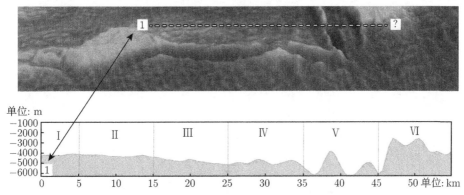

图 8.43 航天器落水示意图及周围海域海底示意图

其中黄色表示海床, 比如在 1 这一点, 海深度大概为 4000 米

图 8.43 的电子图

---

① 题目来自广西民族大学 2019 年校内竞赛题.

参 考 文 献

[1] 文榕生. 学术规范需要辩证地对待参考文献: 兼与蒋鸿标先生商榷. 图书与情报, 2005(2): 41-46

[2] 陈文斌, 程晋, 吴新明, 等. 微分方程数值解. 上海: 复旦大学出版社, 2014: 8-12

[3] 赵静, 但琦. 数学建模与数学实验. 4 版. 北京: 高等教育出版社, 2014: 33-65

[4] Chen L W, Chen Z X. Modeling and Intelligence Calculation about Depth and Gauge of Deflected Storage Tank. 2011 Eighth International Conference on Fuzzy Systems and Knowledge Discovery (FSKD), 2011